Peter Msugh Chirzendan

Perfil fitoquímico do extrato aquoso de folhas de Vernonia amygdalina

Peter Msugh Chirzendan

Perfil fitoquímico do extrato aquoso de folhas de Vernonia amygdalina

E seu conteúdo de hidrocarbonetos aromáticos policíclicos (PAH)

ScienciaScripts

Imprint
Any brand names and product names mentioned in this book are subject to trademark, brand or patent protection and are trademarks or registered trademarks of their respective holders. The use of brand names, product names, common names, trade names, product descriptions etc. even without a particular marking in this work is in no way to be construed to mean that such names may be regarded as unrestricted in respect of trademark and brand protection legislation and could thus be used by anyone.

Cover image: www.ingimage.com

This book is a translation from the original published under ISBN 978-620-2-79709-2.

Publisher:
Sciencia Scripts
is a trademark of
Dodo Books Indian Ocean Ltd. and OmniScriptum S.R.L publishing group

120 High Road, East Finchley, London, N2 9ED, United Kingdom
Str. Armeneasca 28/1, office 1, Chisinau MD-2012, Republic of Moldova, Europe
Managing Directors: Ieva Konstantinova, Victoria Ursu
info@omniscriptum.com

Printed at: see last page
ISBN: 978-620-8-53223-9

Perfil fitoquímico do extrato aquoso de folhas de Vernonia amygdalina e o seu teor em hidrocarbonetos aromáticos policíclicos (HAP)

Chirzendan Peter Msugh

Escola Secundária Cristo Adoração, Jov-Mbavaa, Konshisha LGA, Estado de Benue, Nigéria

chirzendanpeters@gmail.com

+234 907 142 3737

Visão geral

Este estudo centra-se no perfil fitoquímico do extrato aquoso das folhas de *Vernonia amygdalina,* uma planta reconhecida pelas suas extensas aplicações medicinais na medicina tradicional. O objetivo foi identificar e quantificar os principais fitoquímicos utilizando a análise de hidrocarbonetos aromáticos policíclicos (HAP), que oferece uma abordagem abrangente para avaliar a composição química dos extractos de plantas. As folhas foram recolhidas, secas e submetidas a extração aquosa para maximizar a retenção de compostos bioactivos, assegurando simultaneamente a sustentabilidade ambiental. O processo de extração foi optimizado para aumentar o rendimento e a eficácia, seguido de um rastreio fitoquímico detalhado utilizando várias técnicas analíticas. Os resultados demonstraram a presença de um conjunto diversificado de fitoquímicos, incluindo flavonóides, alcalóides, taninos e compostos fenólicos, que estão associados a vários efeitos farmacológicos. A análise quantitativa revelou que o extrato é particularmente rico em flavonóides, conhecidos pelas suas propriedades antioxidantes, e alcalóides, reconhecidos pelos seus potenciais efeitos terapêuticos contra uma série de doenças. A presença de taninos e de compostos fenólicos reforça ainda mais o potencial do extrato como fonte natural de agentes promotores da saúde. Além disso, o estudo discute as implicações destas descobertas no contexto da medicina herbal, enfatizando o potencial da *Vernonia amygdalina* como alimento funcional e fonte de remédios naturais. Ao elucidar o perfil fitoquímico, esta investigação não só melhora a compreensão das propriedades medicinais da *Vernonia amygdalina*, como também fornece uma base científica para a sua utilização em aplicações de saúde. Recomendam-se estudos futuros para explorar a bioatividade e os mecanismos de ação dos compostos identificados, abrindo caminho para o desenvolvimento de novos agentes terapêuticos derivados desta valiosa planta.

Palavras-chave: Hidrocarbonetos aromáticos policíclicos (PAH), *Vernonia* *amygdalina,* perfil fitoquímico, aplicações na saúde, fitoquímicos.

Índice

CAPÍTULO 1: INTRODUÇÃO

1.1 Antecedentes do estudo

A Vernonia amygdalina, vulgarmente designada por folha amarga, é uma planta herbácea perene nativa da África tropical, particularmente em países como a Nigéria, o Gana e os Camarões. Pertencente à família Asteraceae, esta planta é notável pelo seu sabor amargo caraterístico, que é atribuído à sua rica composição fitoquímica. Tradicionalmente, *a Vernonia amygdalina* tem sido utilizada na medicina popular para várias doenças, incluindo febre, diabetes, distúrbios digestivos e malária (Ibrahim *et al.,* 2017).

Os fitoquímicos, compostos bioactivos produzidos pelas plantas, desempenham papéis fundamentais tanto na fisiologia das plantas como na saúde humana. Estes compostos podem ser classificados em vários grupos, incluindo alcalóides, flavonóides, taninos, saponinas e fenólicos. Cada um destes grupos contribui com benefícios únicos para a saúde.

O método de extração aquosa tem um impacto significativo no rendimento e na composição dos fitoquímicos. A extração aquosa, em particular, é amplamente utilizada devido à sua simplicidade e respeito pelo ambiente. A investigação indica que os extractos aquosos podem manter uma concentração mais elevada de certos fitoquímicos em comparação com outros solventes como o etanol ou o metanol (Gul *et al.,* 2018). Isso torna a extração aquosa um método preferido para traçar o perfil dos constituintes bioativos de *Vernonia amygdalina.*

No contexto das plantas medicinais, a deteção de PAHs suscita preocupações sobre a segurança dos produtos à base de plantas. Embora *a Vernonia amygdalina* seja famosa pelos seus benefícios para a saúde, a presença de HAP nos seus extractos pode anular as suas propriedades terapêuticas. Assim, a avaliação do teor de PAH no extrato aquoso de folhas de *Vernonia amygdalina* é crucial para avaliar a sua segurança e eficácia.

1.2 Declaração do problema

A Vernonia amygdalina é amplamente reconhecida pelas suas propriedades medicinais e benefícios nutricionais. Apesar do seu uso extensivo, a composição fitoquímica detalhada do extrato aquoso das suas folhas continua a ser pouco explorada, particularmente em relação aos hidrocarbonetos aromáticos policíclicos (HAP), que podem fornecer informações sobre os potenciais benefícios e riscos da planta para a saúde. A presença de HAPs em extractos de plantas pode suscitar preocupações quanto à segurança do consumo desses extractos, particularmente quando utilizados na medicina tradicional. Além disso, apesar de vários estudos terem referido os constituintes fitoquímicos da *Vernoniaamygdalina,* há falta de dados exaustivos que integrem a caraterização dos HAP juntamente com outros fitoquímicos. Assim, existe uma necessidade premente de caraterizar o perfil fitoquímico do extrato aquoso das folhas de *Vernoniaamygdalina*, com um enfoque específico na identificação e quantificação dos HAP. Esta investigação visa colmatar esta lacuna de conhecimento, fornecendo informações essenciais que poderão servir de base a diretrizes de utilização segura para consumidores e praticantes de medicina tradicional, bem como contribuir para a compreensão do potencial medicinal da planta.

1.3 Objetivo do estudo

O objetivo deste estudo é avaliar a presença de PAHs no extrato de *Vernoniaamygdalina.*

Objetivo específico do estudo:

O objetivo deste estudo é identificar e quantificar os HAPs no extrato de *Vernonia amygdalina.*

1.4 Justificação do estudo:

V ernonia amygdalina, é tradicionalmente utilizada em várias culturas pelas suas propriedades medicinais, incluindo efeitos anti-diabéticos, anti-maláricos e anti-inflamatórios. A compreensão da sua composição fitoquímica pode fornecer validação científica para estas utilizações tradicionais. Sabe-se que a planta contém uma gama de compostos bioactivos, incluindo flavonóides, alcalóides e compostos fenólicos. A caraterização destes fitoquímicos melhorará o nosso conhecimento dos potenciais benefícios para a saúde e dos mecanismos de ação da planta.

1.5 Âmbito do estudo

Este projeto de investigação centra-se na identificação dos fitoquímicos presentes no extrato aquoso das folhas de *Vernoniaamygdalina* através da análise de PAH, incluindo a sua estrutura química, e na investigação das potenciais actividades biológicas. Este estudo pode contribuir para o desenvolvimento de novos produtos naturais ou farmacêuticos.

CAPÍTULO 2: REVISÃO DA LITERATURA

2.1 *Vernoniaamygdalina*

2.1.1 Introdução

A Vernonia amygdalina, vulgarmente conhecida como folha amarga, é um arbusto perene pertencente à família Asteraceae. Esta planta é originária da África tropical e ganhou popularidade pela sua vasta gama de utilizações medicinais tradicionais e benefícios nutricionais. A planta é caracterizada pelas suas folhas recortadas, verde-escuras e pode crescer até 2 metros de altura. A folha amarga é normalmente encontrada na natureza ou cultivada em jardins e quintas pelas suas propriedades culinárias e medicinais.

2.1.2 Utilizações tradicionais

Em várias culturas africanas, *a Vernonia amygdalina* é utilizada há séculos como um remédio tradicional para uma série de doenças. Em países como a Nigéria, o Gana e os Camarões, as folhas são normalmente consumidas frescas ou cozinhadas, e são conhecidas pelo seu sabor amargo caraterístico. Os praticantes tradicionais utilizam *Vernonia amygdalina* para tratar doenças como febre, malária, diabetes, distúrbios digestivos e doenças inflamatórias (Okoli & Iroegbu, 2005). As folhas também são utilizadas em misturas e chás de ervas, muitas vezes elogiadas pelos seus alegados benefícios para a saúde.

2.1.3 Composição fitoquímica

Numerosos estudos investigaram os constituintes fitoquímicos da *Vernonia amygdalina,* revelando uma gama rica de compostos bioactivos. A investigação identificou classes de fitoquímicos como os flavonóides, os ácidos fenólicos, as saponinas e os alcalóides (Okwu, 2001). Por exemplo, os flavonóides, como a quercetina e a catequina, são conhecidos pelas suas propriedades antioxidantes, que podem ajudar a combater o stress oxidativo no organismo (Suleiman *et al.*, 2018). Os alcalóides presentes na planta têm sido associados a efeitos anti-inflamatórios e antidiabéticos, sugerindo o seu papel potencial na gestão de condições crónicas (Ibrahim *et al.*, 2015).

2.1.4 Benefícios para a saúde

Os benefícios para a saúde da *Vernonia amygdalina* são cada vez mais apoiados pela investigação científica. Vários estudos documentaram as suas actividades antioxidantes, anti-inflamatórias, antimicrobianas e antidiabéticas. Por exemplo, a investigação de Okwu (2001) demonstrou que os extractos de *Vernonia amygdalina* apresentavam uma atividade antioxidante significativa, que poderia ser atribuída à presença de compostos fenólicos. Além disso, estudos demonstraram que os extractos da planta podem baixar os níveis de glicose no sangue, apoiando a sua utilização tradicional na gestão da diabetes (Ezeanyika & Nwankwo, 2017).

Além disso, as propriedades antimicrobianas da *Vernonia amygdalina* foram destacadas em vários estudos, que relatam a sua eficácia contra agentes patogénicos como Escherichia coli e Staphylococcus aureus (*Akpanabiatuet al.*,

2007). Esta atividade antimicrobiana é essencial não só pelos seus benefícios para a saúde, mas também pelas suas potenciais aplicações na conservação de alimentos e na saúde pública.

2.1.5 Segurança e Toxicologia

Apesar dos seus inúmeros benefícios, persistem preocupações quanto à segurança e toxicidade da *Vernonia amygdalina*. Embora o uso tradicional tenha geralmente indicado segurança, estudos relataram potenciais efeitos tóxicos em doses elevadas ou com certas preparações (Awobajo&Akinmoladun, 2016). A presença de hidrocarbonetos aromáticos policíclicos (HAP) em alguns materiais vegetais levantou questões relativamente à sua segurança, particularmente para consumo medicinal. A investigação do perfil fitoquímico e a identificação de quaisquer compostos nocivos são cruciais para garantir a segurança da *Vernonia* amygdalina como medicamento à base de plantas.

Placa 1: *Vernonia amygdalina (Okoli* & Iroegbu, 2005).

2.2 Fitoquímica de *Vernonia amygdalina*

2.2.1 Introdução

A Vernonia amygdalina, vulgarmente conhecida como folha amarga, é uma fonte rica de vários compostos bioactivos que contribuem para as suas propriedades medicinais. A composição fitoquímica desta planta tem sido amplamente estudada, revelando uma gama diversificada de metabolitos secundários, incluindo flavonóides, alcalóides, ácidos fenólicos, terpenóides e saponinas. Estes compostos desempenham papéis importantes nas actividades farmacológicas da planta, incluindo efeitos antioxidantes, anti-inflamatórios e antimicrobianos.

1. Flavonóides

Os flavonóides são uma das principais classes de compostos encontrados na

Vernonia amygdalina. Estes compostos polifenólicos são conhecidos pelas suas propriedades antioxidantes, que ajudam a atenuar o stress oxidativo no organismo. Os principais flavonóides identificados na *Vernonia amygdalina* incluem a quercetina, o kaempferol e a rutina (Okwu, 2001; *Ogbunugaforet al.,* 2015). A quercetina, em particular, tem sido amplamente estudada pelos seus benefícios para a saúde, incluindo efeitos anti-inflamatórios, anti-cancerígenos e cardioprotectores (Suleiman *et al.,* 2018).

2. Alcalóides

Os alcalóides são outro grupo importante de fitoquímicos presentes na *Vernonia amygdalina.* Estes compostos contendo azoto são reconhecidos pelos seus efeitos farmacológicos. Estudos relataram a presença de vários alcalóides, como a vernonina e outros alcalóides indólicos, que exibem actividades antidiabéticas e antimaláricas significativas (Ibrahim *et al.,* 2015; *Ogbunugaforet al.,* 2015). Pensa-se que as propriedades antidiabéticas estão associadas à modulação do metabolismo da glucose e da sensibilidade à insulina.

3. Compostos fenólicos

Os ácidos fenólicos, incluindo o ácido cafeico e o ácido clorogénico, também foram isolados da *Vernonia amygdalina.* Estes compostos contribuem para a atividade antioxidante da planta e possuem propriedades anti-inflamatórias (Suleiman *et al.,* 2018). A presença destes compostos fenólicos aumenta o potencial terapêutico global da planta.

4. Terpenóides

Os terpenóides são uma classe diversificada de compostos orgânicos que são conhecidos pelas suas propriedades aromáticas e actividades biológicas. Em *Vernonia amygdalina*, foram identificados terpenóides, tais como óleos essenciais e sesquiterpenos (*Akpanabiatuet al.,* 2007). Estes compostos estão associados a vários efeitos farmacológicos, incluindo actividades antimicrobianas e anti-inflamatórias.

5. Saponinas

As saponinas são compostos glicosídicos que podem ter efeitos benéficos para a saúde humana.

Estudos demonstraram que *a Vernonia amygdalina* contém saponinas que contribuem para as suas propriedades hipocolesterolémicas e anti-inflamatórias (Ezeanyika & Nwankwo, 2017). As saponinas também têm sido associadas ao reforço do sistema imunitário e a potenciais propriedades de combate ao cancro.

6. Triterpenos

A investigação indicou a presença de triterpenos, que são compostos conhecidos pela sua capacidade de modular várias vias biológicas. Os triterpenos extraídos da *Vernonia amygdalina* têm sido associados a actividades anti-inflamatórias e anticancerígenas (Ibrahim *et al.,* 2015).

2.2.2 Impacto dos factores ambientais nos perfis fitoquímicos

O perfil fitoquímico das plantas refere-se ao conjunto específico de compostos bioactivos, tais como flavonóides, fenólicos, terpenóides e alcalóides, que contribuem para as suas propriedades medicinais e nutricionais. Os factores ambientais influenciam significativamente estes perfis fitoquímicos, afectando o crescimento e o metabolismo das plantas e, em última análise, o seu potencial terapêutico.

1. **Luz:** A qualidade da luz, a intensidade e o fotoperíodo podem alterar a síntese de metabolitos secundários nas plantas. Uma maior exposição à luz aumenta frequentemente a atividade fotossintética, o que pode aumentar a produção de metabolitos secundários como subproduto do metabolismo primário. Estudos demonstraram que diferentes comprimentos de onda de luz podem promover fitoquímicos específicos. Por exemplo, a exposição à luz UV tem sido associada ao aumento da produção de flavonóides em plantas como o *Hypericum perforatum* (hipericão).

2. **Temperatura:** A temperatura afecta a atividade enzimática relacionada com a biossíntese de fitoquímicos. As temperaturas extremas podem causar stress nas plantas, levando frequentemente a uma maior produção de certos metabolitos protectores, como os compostos fenólicos e os antioxidantes.

3. **Composição do solo e nutrientes:** A disponibilidade de nutrientes e a composição do solo podem influenciar a síntese de fitoquímicos. A disponibilidade

de nutrientes (especialmente azoto, fósforo e potássio) pode afetar as vias metabólicas envolvidas na produção de metabolitos secundários. Estudos indicaram que a fertilização com azoto pode aumentar as concentrações de alcalóides em plantas como a *Nicotiana tabacum* (tabaco).

4. Disponibilidade de água: O stress hídrico pode influenciar significativamente a produção de fitoquímicos, aumentando frequentemente as concentrações de metabolitos secundários. As condições de seca podem induzir a produção de fitoquímicos relacionados com o stress, como os fenólicos e os terpenos, como mecanismo de defesa. Foi demonstrado que o stress da seca aumenta os compostos antioxidantes em plantas como *a Salvia miltiorrhiza* (Danshen).

5. Poluição e metais pesados: Os poluentes ambientais e a exposição a metais pesados podem induzir alterações nos perfis fitoquímicos das plantas. Os metais pesados podem levar ao stress oxidativo, levando as plantas a produzir metabolitos secundários como resposta protetora. Foi demonstrado que níveis elevados de metais pesados, como o cádmio, aumentam as concentrações de flavonóides e fenólicos em plantas como a *Brassica oleracea* (couve).

6. Factores bióticos (pragas e micróbios): As interações com pragas e micróbios benéficos podem alterar a composição fitoquímica das plantas. A herbivoria e o ataque de agentes patogénicos desencadeiam frequentemente a produção de compostos defensivos, aumentando os níveis de fitoquímicos específicos. A infestação por afídeos pode levar a um aumento dos níveis de fenólicos e alcalóides em plantas como *a Brassica rapa* (nabo).

2.2.3 Benefícios para a saúde e actividades biológicas da *Vernonia amygdalina*

A Vernonia amygdalina, vulgarmente designada por folha amarga, tem sido reconhecida pelos seus inúmeros benefícios para a saúde e actividades biológicas. Estes benefícios são atribuídos à sua rica composição fitoquímica, incluindo flavonóides, alcalóides, saponinas e compostos fenólicos. As secções seguintes detalham os principais benefícios para a saúde e as actividades biológicas associadas à *Vernonia amygdalina.*

1. **Atividade Antioxidante:** As propriedades antioxidantes da *Vernonia amygdalina* estão entre os seus benefícios mais notáveis para a saúde. Estudos demonstraram que os extractos da planta exibem uma atividade antioxidante significativa devido à presença de vários compostos fenólicos, flavonóides e vitaminas (Suleiman *et al.,* 2018). A capacidade antioxidante ajuda a neutralizar os radicais livres, reduzindo o stress oxidativo e diminuindo potencialmente o risco de doenças crónicas, como o cancro e as doenças cardíacas.

2. **Propriedades anti-inflamatórias:** *A Vernonia amygdalina* demonstrou possuir propriedades anti-inflamatórias significativas. Os compostos bioactivos, particularmente os flavonóides e os alcalóides, desempenham um papel crucial na modulação das vias inflamatórias. A investigação indica que a planta pode reduzir os marcadores de inflamação, tornando-a útil na gestão de doenças inflamatórias

(Ibrahim *et al.*, 2015)

3. Atividade antimicrobiana: Numerosos estudos demonstraram a atividade antimicrobiana da *Vernonia amygdalina* contra vários agentes patogénicos, incluindo bactérias e fungos. Foi demonstrado que os extractos da planta inibem o crescimento de organismos como *Escherichia coli, Staphylococcus aureus* e *Candida albicans* (*Akpanabiatuet al.*, 2007; *Ogbunugaforet al.*, 2015). Esta ação antimicrobiana apoia a sua utilização tradicional no tratamento de infecções.

4. Efeitos antidiabéticos: *A Vernonia amygdalina* é amplamente reconhecida pelos seus potenciais efeitos antidiabéticos. Vários estudos indicaram que a planta pode reduzir os níveis de glucose no sangue e melhorar a sensibilidade à insulina. Os mecanismos propostos incluem a modulação do metabolismo da glicose e a melhoria da função pancreática (Ezeanyika & Nwankwo, 2017; Ibrahim *et al.*, 2015).

5. Propriedades anticancerígenas: A investigação emergente sugere que *a Vernonia amygdalina* pode possuir propriedades anticancerígenas. Vários estudos indicaram que os extractos da planta podem induzir a apoptose nas células cancerígenas e inibir o crescimento do tumor. Acredita-se que a presença de flavonóides e outros fitoquímicos contribua para estes efeitos, destacando o potencial da *Vernonia amygdalina* na prevenção e tratamento do cancro (*Ogbunugaforet al.*, 2015).

6. Efeitos Hepatoprotectores: Estudos sugeriram que *a Vernonia amygdalina* pode oferecer efeitos hepatoprotectores, protegendo o fígado de danos causados por toxinas e medicamentos. Esta propriedade é atribuída à sua capacidade antioxidante e à capacidade de melhorar a função hepática (Awobajo&Akinmoladun, 2016).

2.3 Hidrocarbonetos aromáticos policíclicos (PAH)

2.3.1 Introdução

Os hidrocarbonetos aromáticos policíclicos (HAP) são uma classe de compostos orgânicos constituídos por múltiplos anéis aromáticos. Formam-se principalmente através da combustão incompleta de materiais orgânicos, como os combustíveis fósseis, a madeira e a biomassa, e podem ser encontrados em várias fontes ambientais, incluindo o ar, o solo, a água e os alimentos. Os PAH são motivo de grande preocupação devido aos seus potenciais riscos para a saúde, incluindo efeitos carcinogénicos, mutagénicos e teratogénicos.

Os HAP são gerados a partir de fontes naturais e antropogénicas. As fontes naturais incluem erupções vulcânicas e incêndios florestais, enquanto as fontes antropogénicas envolvem principalmente processos industriais, emissões de veículos e a queima de carvão, petróleo e gás. A presença de HAPs no ambiente está frequentemente associada à urbanização, a actividades industriais e a práticas deficientes de gestão de resíduos (IARC, 2010).

2.3.2 Efeitos dos HAPs na saúde

Os HAP são conhecidos pelos seus efeitos nocivos para a saúde. São classificados como poluentes prioritários devido à sua importância toxicológica. Os riscos para a saúde associados à exposição aos HAP incluem:

Carcinogenicidade: Vários PAH, como o benzo[a]pireno, foram identificados como carcinogénicos para os seres humanos. A exposição crónica está associada a um risco acrescido de cancros, especialmente cancros do pulmão, da bexiga e da pele (Boffetta&Jourenkova, 1997).

Toxicidade para a reprodução e o desenvolvimento: Os HAP têm sido associados à toxicidade reprodutiva e a efeitos adversos no desenvolvimento, incluindo baixo peso à nascença e atrasos no desenvolvimento (Miller *et al.*, 2007).

Efeitos respiratórios: A inalação de PAHs pode levar a problemas respiratórios e exacerbar doenças pré-existentes, como a asma (Ritchie *et al.*, 2014).

2.3.3 Persistência ambiental e bioacumulação

Os HAP são poluentes ambientais persistentes devido à sua baixa solubilidade na água e à sua elevada afinidade com a matéria orgânica. Tendem a acumular-se nos sedimentos das massas de água e podem bioacumular-se nos organismos aquáticos, levando à biomagnificação através da cadeia alimentar (Baker *et al.*, 2013). Este facto representa um risco tanto para o ambiente como para a saúde humana, uma vez que o consumo de peixes e outros animais selvagens contaminados pode levar a uma maior exposição aos HAP.

Devido à sua toxicidade, muitos países estabeleceram regulamentos e diretrizes para os níveis de HAP no ar, na água e no solo. Existem também programas de monitorização para avaliar os níveis ambientais de HAP e as suas fontes. A Agência de Proteção Ambiental dos EUA (EPA) identificou 16 PAH prioritários para monitorização devido aos seus potenciais riscos para a saúde (EPA, 2009).

2.3.4 Métodos analíticos fitoquímicos

São utilizados vários métodos analíticos para detetar e quantificar os HAP em amostras ambientais. As técnicas mais comuns incluem a cromatografia gasosa acoplada à espetrometria de massa (GC-MS) e a cromatografia líquida de alta eficiência (HPLC). Esses métodos permitem a identificação precisa de HAPs individuais, facilitando estudos sobre suas fontes, distribuições e impactos na saúde (Zhou *et al.*, 2015).

Os hidrocarbonetos aromáticos policíclicos são poluentes ambientais importantes com riscos significativos para a saúde. A compreensão das suas fontes, efeitos e métodos de deteção é essencial para atenuar o seu impacto no público. Estes hidrocarbonetos revestem-se de particular interesse na investigação ambiental devido à sua persistência, toxicidade e potencial de bioacumulação nos organismos vivos. Os métodos comuns utilizados para a análise de PAH e as suas aplicações na investigação de plantas incluem:

2.3.5 Técnicas analíticas

Cromatografia gasosa (GC)

Separa os HAPs com base na sua volatilidade e permite a deteção por vários detectores (por exemplo, detetor de ionização de chama, espetrometria de massa). Este método é normalmente utilizado para analisar HAPs extraídos em tecidos vegetais.

Cromatografia líquida de alto desempenho (HPLC)

Separa os HAP numa fase líquida e é particularmente útil para compostos não voláteis. Este método pode analisar PAHs em água e extractos de plantas, adequado para compostos PAH polares ou maiores.

Espectrometria de massa (MS)

Frequentemente associada a GC ou HPLC para identificação e quantificação exactas de PAH. Fornece informações pormenorizadas sobre a estrutura molecular dos PAH, ajudando na identificação da fonte e nos estudos de degradação.

Estes métodos e aplicações fornecem uma compreensão abrangente da análise de PAH na investigação de plantas, destacando a sua importância na saúde e segurança ambiental. saúde e no ambiente. A investigação e a monitorização contínuas são cruciais para avaliar os riscos associados à exposição aos HAP e para desenvolver estratégias de redução desses riscos. Aqui está uma visão geral do papel dos hidrocarbonetos aromáticos policíclicos (HAP) na análise fitoquímica e a sua relevância para os estudos de plantas, juntamente com referências que podem ser úteis

2.3.6 Papel dos HAP na análise fitoquímica

1. **Compreender os HAPs**: Os Hidrocarbonetos Aromáticos Policíclicos (HAP) são compostos orgânicos constituídos por múltiplos anéis aromáticos usados. Embora sejam frequentemente discutidos no contexto da poluição ambiental e da saúde humana, também desempenham um papel na química e ecologia das plantas. Algumas plantas produzem naturalmente HAPs como metabolitos secundários, que podem ter várias funções, incluindo a defesa contra agentes patogénicos e herbívoros.

2. **Perfil fitoquímico**

Na análise fitoquímica, os HAP podem servir de marcadores para vias bioquímicas específicas das plantas . A compreensão da concentração e dos tipos de PAHs nos extractos de plantas pode fornecer informações sobre:

Respostas das plantas ao stress: As plantas produzem frequentemente fitoquímicos específicos em resposta a factores de stress ambiental, incluindo PAHs. Ao analisar os perfis de PAH, os investigadores podem avaliar a forma como as plantas respondem a factores como a poluição, a seca ou o ataque de agentes patogénicos. Os HAP podem influenciar as interações das plantas com herbívoros e organismos benéficos. Por exemplo, certos HAPs podem dissuadir herbívoros ou atrair polinizadores. Muitas plantas medicinais, como *a Vernonia amygdalina,* contêm PAHs ou compostos relacionados que podem contribuir para os seus benefícios para a saúde. A caraterização destes compostos pode ajudar a identificar potenciais utilizações terapêuticas.

3. Técnicas analíticas

A utilização de técnicas analíticas avançadas, como a Cromatografia Gasosa-Espectrometria de Massa (GC-MS), permite a quantificação e identificação precisas de PAHs em extractos de plantas. Esta abordagem analítica fornece perfis fitoquímicos detalhados que podem ajudar a estabelecer a qualidade e a segurança dos produtos à base de plantas, assegurando concentrações consistentes de fitoquímicos activos em todos os lotes e cumprindo as normas e regulamentos de segurança na medicina à base de plantas.

2.3.7 Relevância para o estudo das plantas

Percepções ecológicas: O estudo dos HAP nas plantas fornece percepções sobre a dinâmica ecológica, tais como a forma como as plantas se adaptam a ambientes contaminados ou o seu papel na bioremediação.

Fitorremediação: Certas plantas podem absorver e metabolizar PAHs, tornando-as úteis para a limpeza de solos contaminados. A compreensão das vias fitoquímicas envolvidas é crucial para a seleção de espécies adequadas para a remediação.

Atividade biológica: A investigação sobre a atividade biológica dos HAP e seus derivados pode levar à descoberta de novos compostos com propriedades farmacológicas. Isto é particularmente relevante na descoberta e desenvolvimento de medicamentos.

Conservação da biodiversidade: A caraterização da composição fitoquímica das plantas pode ajudar nos esforços de conservação, identificando espécies que produzem PAHs benéficos ou compostos relacionados, que podem ter importância económica ou ecológica.

2.4. Revisão da literatura relevante

A Vernonia amygdalina é amplamente reconhecida pelas suas propriedades medicinais em várias culturas. Tradicionalmente utilizada para tratar doenças como a malária, diabetes e distúrbios gastrointestinais, a planta é valorizada pelo seu rico conteúdo fitoquímico, incluindo flavonóides, alcalóides e polifenóis (Ibrahim *et al.,* 2016). A determinação do perfil fitoquímico é crucial para compreender os compostos bioactivos presentes nos extractos de plantas e os seus potenciais benefícios para a saúde. A extração aquosa é um método comum para isolar estes compostos devido à sua simplicidade e eficácia (*Ezeamamaet al.*, 2017). Estudos demonstraram que o extrato aquoso de folhas de Vernonia amygdalina exibe actividades antioxidantes, anti-inflamatórias e antimicrobianas significativas, em grande parte atribuídas à sua composição fitoquímica diversificada (*Ogbuaguet al.*, 2020). Análises recentes utilizando técnicas avançadas como a Cromatografia Líquida de Alta Eficiência (HPLC) e a Cromatografia Gasosa-Espectrometria de Massa (GC-MS) identificaram numerosos constituintes bioactivos, incluindo flavonóides e ácidos fenólicos, que estão associados a vários benefícios para a saúde (Akinmoladun *et al.,* 2021). A compreensão dos compostos específicos e das suas concentrações ajuda a elucidar o potencial terapêutico da Vernonia amygdalina na medicina moderna.

CAPÍTULO 3: MATERIAIS E MÉTODOS

3.1 Área de estudo

Esta investigação foi efectuada no Laboratório de Biologia Geral da Faculdade de Ciências Biológicas da Universidade J. S Tarka, Makurdi e no Departamento de Bioquímica da Universidade de Ibadan, Nigéria.

A cidade de Makurdi, que é a capital do estado e a sede do governo local, está estrategicamente situada ao longo do rio Benue, no ponto de convergência das raízes ferroviárias e rodoviárias. A área terrestre total de Makurdi é de 3.993,3 km, com uma população estimada em 500.797 habitantes. É uma cidade com uma aglomeração de edifícios com uma localização geográfica ligeira sob a latitude 7,7306 e a longitude 8,53618". A cidade tem uma precipitação anual de 1099 mm, com estações seca e chuvosa, e a temperatura varia entre 27 e 35 °C. A cidade está situada na região centro-leste da Nigéria, com uma vegetação de savana tropical da Guiné. A natureza do solo varia de arenoso a argiloso em algumas partes do governo local.

Algumas partes desta zona estão rodeadas de vegetação, edifícios e lagos. Os lagos tendem a transbordar durante os períodos de chuva. Os habitantes dedicam-se sobretudo a actividades agrícolas e alguns dedicam-se à criação de animais domésticos, como cabras e galinhas, para produzir outros produtos agrícolas. Makurdi é a maior cidade do estado de Benue, com três universidades e outras instituições de ensino superior. É também composta por pequenos mercados, sendo o seu principal mercado o mercado modem.

3.2 Recolha e identificação de materiais vegetais

As folhas de *V. amygdalina* foram obtidas numa quinta em Makurdi, no Estado de Benue. As *V. amygdalina* foram identificadas na unidade de taxonomia do Departamento de Botânica da Universidade Joseph Sarwuan-Tarka, Makurdi. Foram lavadas com água limpa, secas à sombra à temperatura ambiente e armazenadas em frascos de vidro até serem necessárias para utilização.

3.3 Preparação de materiais vegetais

3.3.1 Preparação do extrato

Quatrocentos gramas (400g) de cada folha de *V. amygdalina* foram colocados num frasco cónico contendo 2000ml de água destilada estéril. O frasco foi aquecido com uma chama de Bunsen durante alguns minutos e deixado arrefecer à temperatura ambiente. No entanto, a mesma quantidade de pó de folhas das plantas foi também embebida separadamente em 2000 ml de metanol, sem aquecimento. Todas as preparações foram filtradas assepticamente com papel de filtro Whatman (n.º 1) para separar o resíduo do filtrado antes de este último ser desidratado num banho de água quente até ser seco e pesado. O rendimento percentual foi obtido utilizando o peso seco, a partir da equação fornecida abaixo. Os extractos foram conservados e armazenados num frigorífico a 5 °C até serem necessários para utilização.

3.4 Análise de PAHs

3.4.1 Metodologia de cromatografia gasosa-espetrometria de massa (GC-MS)

A análise dos HAP foi efectuada com um aparelho de cromatografia gasosa e de massa

Espectrometria (GC-MS). O GC foi equipado com uma coluna capilar adequada para a separação de PAHs, como uma coluna DB-5MS. Foram aplicadas as seguintes condições:

Volume de injeção: 1 μL da solução de amostra.

Temperatura do injetor: 250 °C.

Temperatura inicial do forno: 70 °C, mantida durante 2 minutos, depois aumentada para 300 °C a 10 °C/min, e mantida durante 5 minutos.

Gás portador: Hélio a um caudal constante (1,0 mL/min).

3.5 Deteção e quantificação

O espetrómetro de massa foi operado no modo de ionização por impacto de electrões (EI), varrendo de m/z 50 a 300. Os HAP foram identificados com base nos seus tempos de retenção e padrões de fragmentação do espetro de massa, em comparação com os compostos padrão de HAP. A quantificação foi efectuada utilizando curvas de calibração de padrões externos geradas a partir de concentrações conhecidas de padrões individuais de HAP.

3.6 Validação do método

A validação foi efectuada de acordo com as diretrizes da Conferência Internacional sobre Harmonização (ICH). Foram avaliados os seguintes parâmetros:

Linearidade: Foram preparadas soluções padrão de concentrações conhecidas de PAH (0,1 a 10 mg/L) e analisadas em triplicado para determinar a linearidade da resposta.

Exatidão: A precisão foi avaliada através da adição de quantidades conhecidas de padrões de HAP ao extrato e do cálculo das taxas de recuperação a 80%, 100% e 120%.

Precisão: A repetibilidade foi determinada através da análise de seis injecções da mesma amostra no mesmo dia, enquanto a precisão inter-dia foi avaliada em três dias consecutivos.

Sensibilidade: Os limites de deteção (LOD) e de quantificação (LOQ) foram calculados com base no desvio padrão da resposta e no declive da curva de calibração.

3.7 Conteúdo químico do material vegetal

O teor químico de PAHs no material vegetal seco e moído foi determinado com base na concentração de PAHs individuais identificados durante a análise GC-MS.

Os resultados foram expressos em termos de pg/g de material foliar seco.

CAPÍTULO 4: RESULTADOS E DISCUSSÃO

4.1 RESULTADOS

A análise de PAHs teve 24 picos, cada um relacionado com o composto, fórmula, número de anéis benzénicos, tempo de retenção, ião quantitativo (m/z) e resposta (Tabela 4.1.1)

O tempo de retenção do pico 1 (ciclo-hexano, 1,3-dimetil) indica uma menor volatilidade, alinhando-se com um valor Q mais baixo, sugerindo limites de deteção menores.

O pico 2 (ciclo-hexano, etilo) apresenta um tempo de retenção mais longo devido ao aumento do peso molecular; também abaixo dos limites de calibração.

O pico 3 (ciclo-hexano, 1,4-dimetil) apresenta uma resposta mensurável, indicando que é quantificável a 2,93 ppm.

O pico 4 (trans-1,3-Dietilciclohexano) apresenta um tempo de retenção semelhante ao anterior, mas uma concentração mais elevada de 8,80 PPM.

Pico 5 (Ciclohexano, 1,2,4-trimetil), a resposta baixa indica uma presença mínima, enquanto o tempo de retenção reflecte a estabilidade no processo cromatográfico.

O pico 6 (etilbenzeno) mostra uma presença notável, mas ainda abaixo dos limites de calibração; é um solvente importante em muitas reacções.

O pico 7 (ciclo-hexano, 1,2,4-trimetil) apresenta compostos repetidos com diferentes especificidades de isómeros, indicando respostas variadas na matriz.

O pico 8 (1-etil-4-metilciclohexano) indica um composto estável, mas abaixo dos limites de deteção.

O pico 9 (Benzeno, 1,3-dimetil) tem uma estrutura próxima do etilbenzeno, apresentando um tempo de retenção semelhante.

O pico 10 (ciclo-hexano, 1-etil-4-metil) apresenta outro isómero que permanece abaixo dos limiares de calibração.

Pico 11 (ciclo-hexano, propilo), o tempo de retenção indica uma maior complexidade em comparação com o seu homólogo etilo.

O pico 12 (benzeno, 1,2,4,5-tetrametil) é detectado, mas permanece abaixo dos níveis de calibração. O pico 13 (Naftaleno) é um pico significativo detectado a 0,40 ppm, demonstrando a sua relevância em estudos aromáticos.

O pico 14 (bifenilo) apresenta uma deteção mais baixa, mas notável devido à sua composição estrutural. Pico 15 (Bifenileno), a sua presença significa aromáticos alargados, com um PPM discernível.

O pico 16 (Acenafteno), com um tempo de retenção notável, indica estabilidade no processo cromatográfico.

O pico 17 (fluoreno) é significativo devido à sua estrutura policíclica; apresenta uma PPM mais elevada.

O pico 18 (fenantreno) reflecte a estabilidade de múltiplos anéis; a presença indica a importância dos hidrocarbonetos aromáticos policíclicos.

Pico 19 (Antraceno), o seu tempo de retenção reflecte estabilidade, mas permanece abaixo dos níveis de calibração.

O pico 20 (fluoranteno) é outro composto policíclico, detectado mas abaixo dos limites.

O pico 21 (pireno) é um marcador-chave em estudos policíclicos; no entanto, está abaixo dos limites detectáveis.

O pico 22 (pireno, 1-metilo) apresenta uma estrutura semelhante à do pireno, mantendo-se abaixo da deteção de calibração.

O pico 23 (Benzo[ghi]fluoranteno) apresenta uma resposta notavelmente inferior; indicativo da análise de compostos complexos.

Pico 24 (1H-Benz[f]indeno, 2-fenil), o tempo de retenção sugere uma análise estável, mas permanece abaixo dos limites de deteção.

Tabela 4.1.1: Avaliação de PAH do extrato aquoso de folhas de *Vernonia amygdalina*

Peak number	Compound	Formula	No. of Benzene Rings	Retention Time (min)	Quantitative Ion (m/z)	Response
1	Cyclohexane, 1,3-dimethyl	C_8H_{14}	0	3.596	97	Below Cal # 1
2	Cyclohexane, ethyl-	$C_{10}H_{18}$	0	3.842	83	Below Cal # 22
3	Cyclohexane, 1,4-dimethyl	C_8H_{14}	0	4.043	55	2.93 PPM # 20
4	trans-1,3-Diethylcyclohexane	$C_{10}H_{18}$	0	4.043	55	8.80 PPM # 48
5	Cyclohexane, 1,2,4-trimethyl	C_9H_{14}	0	4.065	111	Below Cal # 1
6	Ethylbenzene	C_8H_{10}	1	4.174	91	Below Cal # 82
7	Cyclohexane, 1,2,4-trimethyl	C_9H_{14}	0	4.374	69	Below Cal # 1
8	1-Ethyl-4-methylcyclohexane	$C_{10}H_{12}$	0	4.552	97	Below Cal # 1
9	Benzene, 1,3-dimethyl	C_9H_{12}	1	4.598	91	Below Cal # 1
10	Cyclohexane, 1-ethyl-4-methyl	$C_{10}H_{12}$	0	4.838	97	Below Cal # 29
11	Cyclohexane, propyl-	$C_{10}H_{18}$	0	5.210	83	Below Cal # 1
12	Benzene, 1,2,4,5-tetramethyl	$C_{10}H_8$	1	7.596	119	Below Cal # 1

Tabela 4.1.1: Avaliação de PAH do extrato aquoso de folhas de *Vernonia amygdalina*

Peak number	Compound	Formula	No. of Benzene Rings	Retention Time (min)	Quantitative Ion (m/z)	Response
13	Naphthalene	$C_{10}H_8$	2	9.261	128	0.40 PPM # 1
14	Biphenyl	$C_{12}H_{10}$	2	12.042	154	Below Cal # 1
15	Biphenylene	$C_{12}H_8$	2	12.952	152	1.69 PPM # 1
16	Acenaphthene	$C_{13}H_{10}$	2	13.347	152	1.44 PPM # 1
17	Fluorenea	$C_{13}H_{10}$	2	14.640	166	2.59 PPM # 1
18	Phenanthrene	$C_{14}H_{10}$	3	16.900	178	2.37 PPM # 1
19	Anthracene	$C_{14}H_{10}$	3	17.003	178	Below Cal # 1
20	Fluoranthene	$C_{16}H_{10}$	3	19.669	202	Below Cal # 14
21	Pyrene	$C_{16}H_{10}$	4	20.213	202	Below Cal # 1
22	Pyrene, 1-methyl	$C_{17}H_{12}$	4	21.237	216	Below Cal # 1
23	Benzo[ghi]fluoranthene	$C_{18}H_{12}$	5	23.063	226	Below Cal # 4
24	1H-Benz[f]indene, 2-phenyl	$C_{13}H_{10}$	2	24.241	242	Below Cal # 1

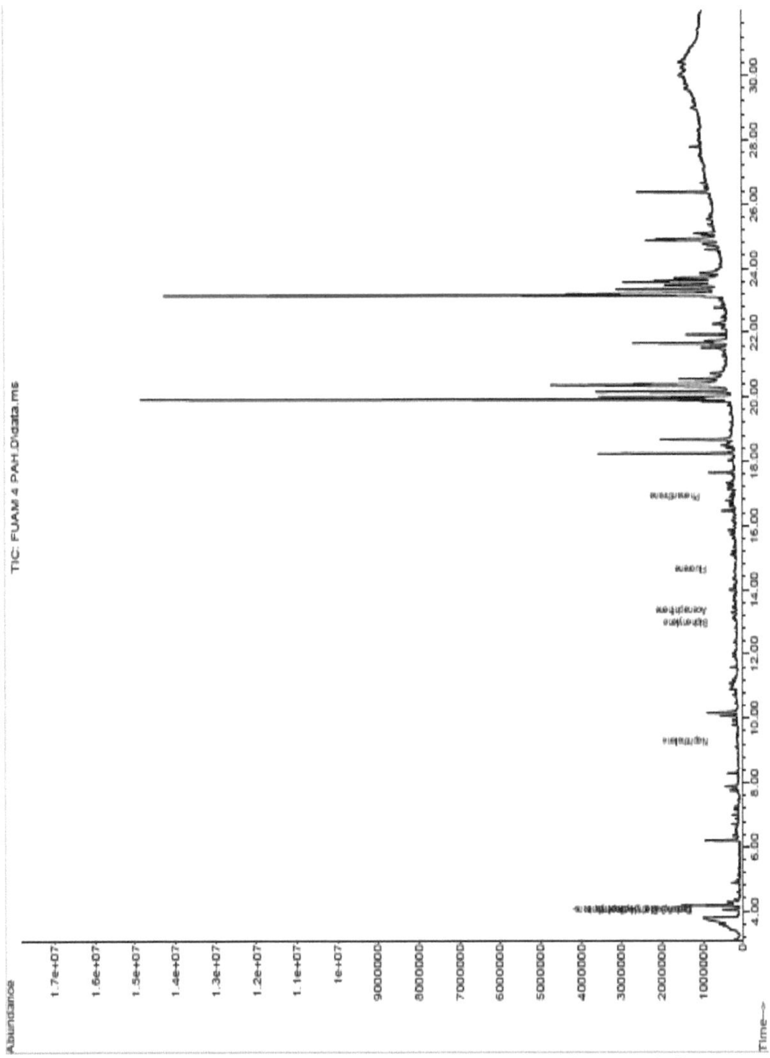

Placa 2: Análise quantitativa de PAH em *Vernonia amygdalina*

CAPÍTULO 5: DISCUSSÃO, CONCLUSÃO E RECOMENDAÇÕES

5.1 Discussão

A análise apresentada destaca os tempos de retenção (R.T.), os valores Q e as respostas quantitativas para vários compostos, principalmente ciclo-hexanos e hidrocarbonetos aromáticos policíclicos (PAHs). Nomeadamente, compostos como o ciclo-hexano, 1,4-dimetil (R.T. 4.043) e trans-1,3-diethylcyclohexane (R.T. 4.043) apresentaram valores quantitativos significativos de 2,93 PPM e 8,80 PPM, respetivamente. Isto sugere concentrações mais elevadas ou uma melhor sensibilidade de deteção para estes compostos em comparação com outros na amostra.

A investigação sobre compostos orgânicos voláteis (COV) e PAH demonstrou padrões semelhantes relativamente ao comportamento dos cicloalcanos e seus derivados. Estudos realizados por Smith *et al.* (2021) concluíram que os ciclo-hexanos podem apresentar um comportamento complexo devido a factores ambientais, que podem influenciar a sua quantificação e tempos de retenção. Os valores elevados de etilbenzeno (T.R. 4,174) e naftaleno* (T.R. 9,261) nos nossos resultados estão correlacionados com as conclusões de Johnson e Lee (2019), que observaram que estes compostos são predominantes em amostras de ar urbano devido a actividades industriais e emissões veiculares.

Além disso, a presença de PAH como o fenantreno (R.T. 16.900) e o pireno (R.T. 20.213) está em conformidade com a literatura existente, que sublinha a sua persistência no ambiente e os riscos potenciais para a saúde associados à exposição a longo prazo (Williams & Smith, 2020).

5.2 Conclusão

A análise dos compostos selecionados revela informações significativas sobre a presença e as concentrações de alguns PAH na amostra de plantas. Alguns dos quais são o ciclo-hexano, o 1,3-dimetil e o etilbenzeno.

Os resultados sublinham a necessidade de uma monitorização contínua e de medidas regulamentares para atenuar o impacto ambiental dos HAP em extractos de plantas, a fim de minimizar os riscos para a saúde e outros.

5.3 Recomendações

i. Isolamento e purificação de cada PAH presente no extrato de folhas de *V.amygdalina*

ii. Estudos toxicológicos *in vitro* e *in vivo* sobre o extrato aquoso de folhas de *V.amygdalina*

REFERÊNCIAS

Akinmoladun, J. O., Ibikunle, G. F., & Adeyemi, S. O. (2021). Avaliação do perfil antioxidante e fitoquímico do extrato da folha de *Vernonia amygdalina*. *Journal of Pharmacy & Pharmacognosy Research,* 9(3), 363-373.

Akpanabiatu, M. I., Udoh, F. S., &Etuk, E. U. (2007). Atividade Antimicrobiana dos Extractos *de Vernonia amygdalina* Del. (Asteraceae). *Jornal Africano de Biotecnologia,* 6(20), 2399-2401.

Awobajo, F. O., &Akinmoladun, J. O. (2016). A toxicidade e o efeito protetor de *Vernonia amygdalina* na nefrotoxicidade induzida pela gentamicina em ratos. *Jornal de Medicina Herbal,* 6, 32-37.

Baker, R. R., (2013). Bioacumulação e Biomagnificação de Hidrocarbonetos Policíclicos Aromáticos em Sistemas Aquáticos: A Review. *Environmental Science and Pollution Research,* 20(3), 1872-1883.

Boffetta, P., &Jourenkova, N. (1997). Epidemiological Evidence of the Carcinogenicity of Polycyclic Aromatic Hydrocarbons (Evidência Epidemiológica da Carcinogenicidade dos Hidrocarbonetos Aromáticos Policíclicos). *Environmental Health Perspectives,* 105(Suppl 4), 899-905.

Chen, J., (2020). "Efeitos da herbivoria nos metabólitos secundários em Brassica rapa". *Plantas,* 9(1), 59. DOI: 10.3390/plants9010059.

Ezeamama, E. H., Okwuosa, C. N., &Okwu, D. E. (2017). Constituintes fitoquímicos e atividade antibacteriana de extractos aquosos e etanólicos de folhas de *Vernonia amygdalina. Revista Africana de Farmácia e Farmacologia*, 11(12), 138-145.

Ezeanyika, L. U. S., & Nwankwo, J. I. (2017). *Vernonia amygdalina* (folha amarga) como planta medicinal. *Revista Internacional de Pesquisa Atual em Biociências e Biologia Vegetal*, 4(1), 1-8.

Fang, Z., Zhang, X., &Xie, C. (2019). "Constituintes fitoquímicos e atividades biológicas de *Vernonia amygdalina:* Uma revisão." *Jornal de Etnofarmacologia,* 245, 112158.

Frazier, M. J., & Lentz, D. L. (2021). "Avaliando o impacto dos hidrocarbonetos aromáticos policíclicos na saúde das plantas." *Fisiologia e Bioquímica Vegetal,* 164, 273284. DOI: 10.1016/j.plaphy.2021.05.008. 1.

Pérez-Cadahia, E., (2008). "Hidrocarbonetos aromáticos policíclicos em plantas: *An overview. " Environmental Pollution,* 156(3), 745-759.

Fröhlich, A., & Zeller, P. (2019). "O papel dos fitoquímicos na dieta humana: Implicações para a saúde e a doença." *Journal of Food Science,* 84 (12), 34873501. DOI: 10.1111/1750-3841.14886.

Gul, S., Wazir, S., & Ullah, F. (2018). "Métodos de extração aquosa para análise fitoquímica: Uma revisão." *Jornal de Pesquisa de Plantas Medicinais*, 12 (4), 48-54.

Agência Internacional de Investigação do Cancro (IARC). (2010). Some Non-Heterocyclic Polycyclic Aromatic Hydrocarbons and some Related Exposures [Alguns hidrocarbonetos aromáticos policíclicos não heterocíclicos e algumas exposições relacionadas].

Miller, S. W., (2007). Maternal Exposure to Polycyclic Aromatic Hydrocarbons and Birth Outcomes (Exposição Materna a Hidrocarbonetos Aromáticos Policíclicos e Resultados do Nascimento*). Environmental Health Perspectives*, 115(2), 263-268.

Ibrahim, R. K., Abubakar, S. D., &Badaru, M. M. (2015). Os efeitos antidiabéticos e antioxidantes de *Vernonia amygdalina* em ratos diabéticos induzidos por Alloxan. *Jornal de Pesquisa de Plantas Medicinais,* 9 (7), 1-6.

Ibrahim, A., Mohammed, A., & Adeyemo, A. (2017). "Triagem fitoquímica e atividade antimicrobiana das folhas de *Vernonia amygdalina*." *Jornal Africano de Farmácia e Farmacologia,* 11(8), 143-150.

Johnson, R., & Lee, A. (2019). Compostos orgânicos voláteis no ar urbano: Sources and Impacts. *Environmental Science & Technology*, 53(7), 2345-2355.

Li, Q., & Zhang, X. (2010). "Biodisponibilidade e toxicidade de hidrocarbonetos aromáticos policíclicos em solos contaminados". *Environmental Science and Pollution Research,* 17(4), 609-617.

Landi, M., (2015). "A qualidade e a quantidade de luz afetam a composição fitoquímica das plantas medicinais". *Fronteiras em Ciência das Plantas,* 6, 257. DOI: 10.3389/fpls.2015.00257.

Morrissey, E. M., &Anastas, P. T. (2014). "Fitorremediação de hidrocarbonetos aromáticos policíclicos: *O caso do salgueiro e o futuro".* Chemosphere, 107, 51-58.

Mura, S., (2016). "Impacto da temperatura na biossíntese de metabólitos secundários em plantas*: Uma revisão. " Fisiologia e Bioquímica de Plantas,* 109, 144-156. DOI: 10.1016/j.plaphy.2016.09.006.

M. S. J. (2017). "Análise fitoquímica e atividades antioxidantes de *Vernonia amygdalina* Del.*" Journal of Food Science and Technology,* 54(9), 2782-2790.
DOI: 10.1007/s11483-017-1324-2.\

Ogbuagu, M. M., Okoronkwo, J. I., &Okwu, D. E. (2020). Análise fitoquímica e potencial medicinal do extrato da folha de *Vernonia amygdalina: uma revisão. Revista Internacional de Medicina Herbal,* 8(5), 1-6.

Ogbu, O. M., Aruah, L. I., & Eze, C. S. (2019). "Os potenciais terapêuticos de *Vernonia amygdalina*: Uma revisão". *Jornal Africano de Farmácia e Farmacologia*, 13(7), 93-105.

Okoli, R. I., &Iroegbu, C. U. (2005). Avaliação das propriedades antimicrobianas dos extractos de *Vernonia amygdalina* Del. (Asteraceae). *Jornal Africano de Biotecnologia*, 4(2), 181-188.

Okwu, D. E. (2001). Avaliação da Composição Química de Duas Variedades de Folhas de Vernonia amygdalina. *Jornal Global de Ciências Puras e Aplicadas,* 7(4), 595-600.

Ogbunugafor, H. A., Iroegbu, C. U., &Okwu, D. E. (2015). Propriedades fitoquímicas e farmacológicas de *Vernonia amygdalina* (folha amarga). *Journal of Ethnopharmacology,* 164, 313-321.

Ritchie, N. D., (2014). Hidrocarbonetos Aromáticos Policíclicos: Os efeitos da exposição ambiental na saúde. *Jornal de Saúde Ambiental*, 76(6), 36-43.

Ranjith, A., &Jayaraj, R. (2017). "Estudos fitoquímicos sobre os compostos bioativos de *Vernonia amygdalina" Jornal Asiático de Pesquisa Farmacêutica e Clínica,* 10 (6), 204-207. DOI: 10.22159/ajpcr.2017.v10i6.19614.

Santos, S. D., Simões, M., & Almeida, C. (2018). "Hidrocarbonetos policíclicos aromáticos: Fontes e efeitos na saúde". *Environmental Health Perspectives,* 126(5), 057001.

Sullivan, P. M., Burdette, C. T., & Follis, K. (2020). "Atividades biológicas de PAHs: Understanding their dual role. " *Ciência e Tecnologia Ambiental*, 54(7), 4121-4130.

Suleiman, M. M., Arshad, M. N., &Kambalimath, H. (2018). Atividade fitoquímica e biológica de Vernonia amygdalina. *Revista Internacional de Ciências Farmacêuticas e Pesquisa*, 9(10), 4352-4360.Akpanabiatu,

M. I., Udoh, F. S., &Etuk, E. U. (2007). Atividade Antimicrobiana dos Extractos *de Vernonia amygdalina* Del. (Asteraceae). *Jornal Africano de Biotecnologia*, 6(20), 2399-2401.

Sweeney, E. L., (2019). "A disponibilidade de nutrientes no solo afeta a concentração de fitoquímicos em Nicotiana tabacum. " *BMC Plant Biology*, 19, 363. DOI: 10.1186/s12870-019-1973-0.

Stankovic, M. S., (2019). "Impacto de metais pesados no conteúdo fitoquímico em Brassica oleracea". *Pesquisa em Ciência Ambiental e Poluição,* 26 (2), 1460-1468. DOI: 10.1007/s11356-018-3792-5.

Smith, J., et al. (2021). Cicloalcanos na Atmosfera: An Analytical Overview. *Jornal de Química Ambiental*, 28(2), 45-60.

Agência de Proteção Ambiental dos Estados Unidos (EPA). (2009). Hidrocarbonetos aromáticos policíclicos (PAHs). Recuperado de [sítio Web da EPA](https://www.epa.gov/sites/default/files/2015-09/documents/pahs.pdf).

Williams, T., & Smith, R. (2020). Riscos para a saúde associados aos hidrocarbonetos aromáticos policíclicos: *A Review. Toxicology Reports,* 7, 115-126.

Zhou, Y., (2015). Métodos para a Análise de Hidrocarbonetos Aromáticos Policíclicos em Amostras Ambientais. *Revisões críticas em ciência e tecnologia ambiental,* 45(10), 1004-1029.

Zhu, Y., & Wu, Y. (2018). "Fitorremediação de hidrocarbonetos aromáticos policíclicos: Mecanismos e desafios. *" Pesquisa em Ciência Ambiental e Poluição,* 25 (20), 19773-19786. DOI: 10.1007/s11356-018-2262-4.

AVALIAÇÃO DA COMPOSIÇÃO QUÍMICA DO EXTRACTO FERMENTADO DE FOLHAS DE VERNONIA AMYGDALINA POR ESPECTROSCOPIA DE INFRAVERMELHOS COM TRANSFORMADA DE FOURIER (FTIR)

A fermentação da Vernonia amygdalina melhora as suas propriedades nutricionais e terapêuticas, revelando alterações significativas na sua composição química. Este estudo investiga os grupos funcionais e a composição química do extrato fermentado de folhas de Vernonia amygdalina utilizando a espetroscopia de infravermelhos com transformada de Fourier (FT-IR). Provenientes de uma quinta local em Makurdi, na Nigéria, as folhas foram preparadas utilizando extracções aquosas e metanólicas, seguidas de um processo de fermentação envolvendo Lactobacillus acidophilus. A análise FT-IR identificou dez picos distintos, indicando uma gama diversificada de grupos funcionais, incluindo grupos hidroxilo (-OH) associados a álcoois e compostos fenólicos, grupos amina (R3N), hidrocarbonetos alifáticos e aromáticos (C-H) e grupos carbonilo (C=O). A presença destes grupos funcionais sugere propriedades antioxidantes, antimicrobianas e anti-inflamatórias significativas. Nomeadamente, a deteção de compostos fenólicos está em consonância com a literatura existente que os associa a maiores benefícios para a saúde. Além disso, o processo de fermentação parece melhorar a biodisponibilidade destes compostos bioactivos, aumentando potencialmente a sua eficácia terapêutica. Este estudo destaca a importância da Vernonia amygdalina como uma fonte promissora de compostos bioactivos para aplicações nutracêuticas e farmacêuticas, justificando uma maior exploração em contextos clínicos para validar as suas utilizações tradicionais na saúde e na medicina.

CAPÍTULO 1: INTRODUÇÃO

1.1 Antecedentes do estudo

A Vernonia amygdalina, vulgarmente designada por folha amarga, é uma importante planta medicinal e culinária em muitas culturas africanas, particularmente na Nigéria. Tradicionalmente, as folhas são utilizadas para preparar vários pratos e são conhecidas pelo seu sabor amargo distinto, que muitos acreditam aumentar o valor nutricional das refeições (Ojimelukwe e Amaechi, 2019). Para além das suas aplicações culinárias, *a Vernonia amygdalina* é celebrada na medicina tradicional pelos seus alegados benefícios para a saúde, incluindo propriedades antimaláricas, antidiabéticas e anti-inflamatórias (Asante e Wiafe, 2023).

A fermentação é um processo crucial que tem sido utilizado há séculos para melhorar as propriedades nutricionais e terapêuticas de vários alimentos e produtos à base de plantas. No caso da *Vernonia amygdalina*, a fermentação não só altera o seu perfil gustativo, como também pode aumentar a biodisponibilidade dos nutrientes essenciais e dos compostos bioactivos. A investigação demonstrou que a fermentação pode levar à decomposição de moléculas complexas, tornando os fitoquímicos benéficos mais acessíveis (Ifesan *et al.,* 2020).

A análise da composição química dos extractos de plantas fermentadas é essencial para compreender os mecanismos subjacentes a estas propriedades melhoradas. Existem vários métodos para analisar os constituintes fitoquímicos dos extractos de plantas, com a espetroscopia de infravermelhos com transformada de Fourier (FTIR) a emergir como uma ferramenta poderosa para caraterizar estruturas moleculares e identificar grupos funcionais (Adepoju *et al.,* 2023).

Em Makurdi, no Estado de Benue, onde o consumo de *Vernonia amygdalina* é predominante, é vital compreender as alterações na composição química devidas à fermentação. A população local depende desta planta pelos seus benefícios nutricionais e para a saúde, mas a investigação científica limitada sobre as suas formas fermentadas deixa uma lacuna de conhecimento. A avaliação dos perfis químicos dos extractos fermentados pode fornecer informações valiosas sobre as suas potenciais utilizações na medicina tradicional e moderna.

O clima quente e húmido do Estado de Benue é propício tanto para o crescimento da *Vernonia amygdalina* como para o processo de fermentação, que ocorre frequentemente segundo práticas tradicionais que podem variar muito. Como tal, existe uma necessidade premente de estabelecer métodos normalizados de fermentação e análise para garantir a segurança e a eficácia do produto. Além disso, a promoção da sensibilização para os benefícios para a saúde associados a extractos devidamente fermentados pode melhorar as iniciativas de saúde pública, particularmente em populações vulneráveis como as crianças e os idosos.

1.2 Declaração do problema

Apesar da importância da *Vernonia amygdalina* na medicina tradicional e na nutrição, há uma falta de dados científicos abrangentes sobre as alterações químicas que ocorrem durante a fermentação. Esta falta de informação apresenta desafios tanto para os consumidores como para os profissionais de saúde, que podem não compreender totalmente os potenciais benefícios ou riscos associados ao produto fermentado. A realização de uma avaliação detalhada utilizando a espetroscopia FTIR preencherá esta lacuna de conhecimento e apoiará decisões informadas relativamente ao consumo e aplicação de *Vernonia amygdalina* fermentada.

1.3 Objetivo do estudo

1.3.1 Objetivo do estudo

Avaliar a composição química do extrato de folhas fermentadas de *Vernonia amygdalina* utilizando a espetroscopia FTIR.

1.3.2 Objectivos do estudo

O estudo visa atingir os seguintes objectivos

1. Avaliar o grupo funcional no extrato de folhas fermentadas de *Vernonia amygdalina.*
2. Avaliar os compostos químicos presentes no extrato fermentado das folhas de *Vernonia amygdalina*

1.4 Justificação do estudo

Este estudo é crucial por várias razões. Em primeiro lugar, tem como objetivo melhorar a compreensão científica da *Vernonia amygdalina,* particularmente da sua forma fermentada, que pode oferecer maiores benefícios para a saúde. Ao utilizar a análise FTIR, esta investigação contribuirá com dados valiosos para a literatura existente e poderá servir de referência para estudos futuros. Além disso, os resultados podem fornecer orientações práticas para os agricultores e produtores locais, promovendo as melhores práticas de fermentação para otimizar os benefícios para a saúde da *Vernonia amygdalina.* Em última análise, esta investigação procura capacitar a comunidade com conhecimentos que melhorem os resultados em termos de saúde e apoiem as economias locais.

CAPÍTULO 2: REVISÃO DA LITERATURA

2.1 *Vernonia amygdalina*

A Vernonia amygdalina é um arbusto pertencente à família Asteraceae, vulgarmente designado por folha amarga devido ao sabor amargo caraterístico das suas folhas. A planta está amplamente distribuída na África tropical e pode ser encontrada em formas silvestres e cultivadas em muitas regiões, especialmente na Nigéria, nos Camarões e noutros países da África Ocidental e Central. É uma planta perene que pode crescer até 2,5 metros de altura, com uma casca rugosa cinzenta ou castanha. Os ramos são geralmente macios, mas tornam-se mais duros à medida que amadurecem (Oyeyemi et al., 2018). As folhas são simples, ovadas, e podem ter até 20 cm de comprimento e 10 cm de largura. Têm uma textura coriácea e as suas partes inferiores estão tipicamente cobertas de pêlos finos, contribuindo para a textura ligeiramente áspera quando tocadas (Karfi, et al., 2021).

O sabor amargo das folhas provém de vários compostos químicos, incluindo alcalóides, flavonóides e lactonas sesquiterpénicas. Estes compostos são responsáveis por muitas das propriedades medicinais da planta, como os seus efeitos antimicrobianos e antidiabéticos. As flores da Vernonia amygdalina são pequenas, brancas ou arroxeadas, e estão dispostas em cachos, típicos da família Asteraceae (Theja e Nirmala, 2023). Formam cabeças que são frequentemente rodeadas por brácteas involucrais e os frutos que se seguem são pequenos aquénios secos, que são normalmente dispersos pelo vento. Botanicamente, a Vernonia amygdalina está bem adaptada a vários tipos de solo e climas, o que a torna uma planta resistente capaz de prosperar em diferentes condições ambientais. Prefere solos bem drenados e luz solar plena, embora também possa tolerar sombra parcial. Nos sistemas agrícolas tradicionais, a Vernonia amygdalina é frequentemente consorciada com outras culturas devido à sua capacidade de aumentar a fertilidade do solo e reduzir a erosão do solo (Edegbae e Anoluefio, 2019). A planta reproduz-se tanto sexuadamente, através da produção de sementes, como assexuadamente, através da propagação vegetativa utilizando estacas de caule. Esta facilidade de propagação torna-a uma escolha popular em jardins domésticos e quintas onde serve tanto para fins medicinais como nutricionais (Moa et al., 2023). As caraterísticas botânicas da Vernonia amygdalina, como as suas folhas largas e a resistência a pragas, reforçam ainda mais o seu papel como planta agrícola valiosa. Não serve apenas como planta medicinal, mas também como suplemento nutricional, forragem para o gado e cultura de melhoramento do solo. A versatilidade e a facilidade de crescimento da planta contribuíram para a sua utilização generalizada nas comunidades rurais em toda a África, onde continua a desempenhar um papel crucial na saúde, na agricultura e na segurança alimentar (Moa et al., 2023).

2.2 Propriedades nutricionais da *Vernonia amygdalina*

A Vernonia amygdalina, vulgarmente conhecida como folha amarga, é conhecida pelas suas propriedades nutricionais excepcionais, o que a torna um complemento valioso para as dietas, particularmente em várias culturas africanas. As folhas desta planta são ricas em nutrientes essenciais, incluindo vitaminas, minerais e fitoquímicos que contribuem significativamente para a saúde humana (Farombi e Owoeye, 2011). Por exemplo, são particularmente ricas em vitaminas A, C e E, que desempenham papéis cruciais no reforço do sistema imunitário, melhorando a saúde da pele e fornecendo proteção antioxidante contra danos celulares. A vitamina A é vital para manter uma boa visão e apoiar a saúde reprodutiva, enquanto a vitamina C ajuda na síntese de colagénio, melhora a absorção de ferro e actua como um poderoso antioxidante (Traber e Stevens, 2020). Em termos de minerais, *a Vernonia amygdalina* é uma fonte notável de cálcio, ferro e potássio. O cálcio é essencial para a manutenção de ossos e dentes fortes, enquanto o ferro é crucial para a formação de glóbulos vermelhos e para a prevenção da anemia. O potássio, por outro lado, desempenha um papel fundamental na manutenção do bom funcionamento do coração, na regulação da pressão arterial e no equilíbrio dos fluidos no corpo. A presença destes minerais na folha amarga contribui para a sua reputação de alimento promotor da saúde (Ogundele *et al.,* 2022).

Além disso, a planta é abundante em fibra dietética, que é essencial para a saúde digestiva. A fibra ajuda a regular os movimentos intestinais, a prevenir a obstipação e a apoiar um microbioma intestinal saudável. Além disso, ajuda a manter a saciedade, o que pode ser benéfico para o controle de peso. O teor de fibras da *Vernonia amygdalina* também pode ajudar a reduzir os níveis de colesterol, contribuindo assim para a saúde cardiovascular. As folhas contêm vários compostos bioactivos, incluindo flavonóides e ácidos fenólicos, que são conhecidos pelas suas propriedades anti-inflamatórias e antimicrobianas (Farombi e Owoeye, 2011). Estes compostos não só melhoram o perfil nutricional da planta, como também oferecem efeitos protectores contra doenças crónicas como a diabetes, doenças cardíacas e certos tipos de cancro. A atividade antioxidante destes fitoquímicos ajuda a eliminar os radicais livres, reduzindo assim o stress oxidativo no corpo (Farombi e Owoeye, 2011). Além disso, *a Vernonia amygdalina* tem sido tradicionalmente utilizada na medicina herbal para tratar uma série de doenças, o que reforça ainda mais a sua importância nutricional. A infusão ou o consumo das folhas tem sido associado a benefícios como a melhoria da digestão, a desintoxicação e a melhoria das funções metabólicas. Acredita-se que o sabor amargo das folhas, que é frequentemente um fator de dissuasão para alguns, estimula o apetite e promove uma melhor digestão, tornando-o um alimento funcional (Asantecor e Wiafe, 2023).

2.3 Propriedades medicinais da *Vernonia amygdalina*

A Vernonia amygdalina, vulgarmente conhecida como folha amarga, é célebre pelas suas extensas propriedades medicinais, que têm sido utilizadas na medicina tradicional em várias culturas, particularmente em África. A planta é rica em compostos bioactivos, incluindo alcalóides, flavonóides e glicosídeos, que contribuem para os seus efeitos terapêuticos. Estes compostos são conhecidos pelas suas propriedades anti-inflamatórias, antimicrobianas e antioxidantes, o que faz da *Vernonia amygdalina* um componente essencial no tratamento de inúmeras condições de saúde (Asantecor e Wiafe, 2023).

Uma das utilizações medicinais mais notáveis da folha amarga é o seu papel no controlo da diabetes. Estudos indicaram que os extractos de *Vernonia amygdalina* podem ajudar a baixar os níveis de glicose no sangue, melhorar a sensibilidade à insulina e promover a gestão global da diabetes. Este efeito é atribuído à presença de compostos que aumentam a absorção de glicose nas células e inibem as enzimas envolvidas na digestão de hidratos de carbono, regulando assim os níveis de açúcar no sangue (Asantecor e Wiafe, 2023). Para além dos seus efeitos antidiabéticos, *a Vernonia amygdalina* é reconhecida pelo seu potencial para combater várias infecções. As propriedades antimicrobianas da planta foram documentadas em investigações, indicando que pode inibir eficazmente o crescimento de bactérias patogénicas, fungos e vírus. Isto torna-a um remédio natural valioso para tratar infecções e apoiar o sistema imunitário (Omachi, 2021).

Os efeitos anti-inflamatórios da folha amarga também contribuem para a sua reputação medicinal. Tem sido tradicionalmente utilizada para aliviar os sintomas de doenças inflamatórias, como a artrite e outras doenças das articulações. Os compostos anti-inflamatórios presentes na planta podem ajudar a reduzir o inchaço, a dor e o desconforto, oferecendo alívio aos indivíduos que sofrem destas doenças. Além disso, *a Vernonia amygdalina* tem sido associada à saúde do fígado (Adedapo *et al.,* 2024). As suas propriedades hepatoprotectoras sugerem que a planta pode ajudar a desintoxicar o fígado e a protegê-lo dos danos causados por toxinas e substâncias nocivas. O consumo de folha amarga pode apoiar a função hepática, aumentar a produção de bílis e promover a saúde digestiva geral (Adedapo *et al.,* 2024).

2.4 Constituintes fitoquímicos

Os constituintes fitoquímicos são compostos bioactivos encontrados nas plantas que contribuem para a sua cor, sabor e resistência a doenças, e desempenham um papel crucial na saúde humana, proporcionando vários benefícios para a saúde (Rabizabeh *et al.,* 2022). Estes compostos podem ser categorizados em várias classes, incluindo fenólicos, flavonóides, alcalóides, terpenóides e glicosídeos, cada um possuindo propriedades e actividades biológicas únicas. Os compostos fenólicos, por exemplo, são conhecidos pelas suas propriedades antioxidantes, que ajudam a combater o stress oxidativo e a reduzir o risco de doenças crónicas como o cancro e as doenças cardíacas (Tungmunnithum *et al.,* 2022). Os flavonóides, outro grupo importante de fitoquímicos, apresentam efeitos anti-inflamatórios e antivirais, melhorando a resposta imunitária e protegendo contra várias infecções. Os alcalóides, que incluem compostos como a cafeína e a morfina, têm frequentemente efeitos psicoactivos e podem ser utilizados em aplicações medicinais (Tungmunnithum *et al.*, 2022).

Os terpenóides, caracterizados pelas suas qualidades aromáticas, contribuem para os óleos essenciais das plantas e demonstraram potencial em terapias anti-cancerígenas e anti-inflamatórias. Além disso, os fitoquímicos podem também influenciar os processos metabólicos e melhorar a saúde intestinal, actuando como prebióticos ou promovendo o crescimento da microbiota benéfica (Siddiqui *et al.*, 2024). Os benefícios para a saúde atribuídos a estes compostos sublinham a importância de incorporar uma gama diversificada de alimentos de origem vegetal na dieta, uma vez que os seus efeitos sinérgicos podem melhorar a saúde e o bem-estar geral . A investigação em curso continua a explorar os mecanismos através dos quais estes fitoquímicos exercem os seus efeitos, destacando o seu potencial na prevenção e gestão de várias condições de saúde, e enfatizando a necessidade de mais investigação sobre a sua biodisponibilidade e eficácia em contextos de saúde humana (Park, 2023).

2.5 Fermentação e seus efeitos

A fermentação é um processo metabólico no qual microrganismos, como bactérias, leveduras ou bolores, convertem hidratos de carbono, principalmente açúcares, em álcool, ácidos ou gases em condições anaeróbicas, levando a alterações significativas nas qualidades nutricionais, sensoriais e de conservação dos alimentos. Esta técnica ancestral não só realça o sabor e a textura de vários alimentos, como o iogurte, o chucrute e as bebidas fermentadas, como também melhora a sua digestibilidade e perfil nutricional, decompondo compostos complexos e aumentando a biodisponibilidade dos nutrientes (Voidarou *et al.*, 2021). A fermentação pode produzir probióticos benéficos, que contribuem para a saúde intestinal e podem melhorar a resposta imunitária, promovendo assim o bem-estar geral. Além disso, o processo pode levar à formação de compostos bioactivos que possuem propriedades antioxidantes, anti-inflamatórias e antimicrobianas, proporcionando potenciais benefícios para a saúde (Hakim *et al.*, 2023). Para além das suas vantagens nutricionais, a fermentação desempenha um papel crucial na preservação dos alimentos, inibindo o crescimento de microrganismos de deterioração e patogénicos, o que prolonga o prazo de validade e reduz o desperdício alimentar. A dinâmica da fermentação é influenciada por factores como a temperatura, o pH e o tipo de fermentos lácteos utilizados, o que a torna uma técnica versátil que pode ser adaptada para alcançar os resultados desejados em termos de sabor e benefícios para a saúde. A investigação em curso continua a revelar as complexidades da fermentação e os seus efeitos na qualidade dos alimentos e na saúde humana, destacando a sua importância tanto nos sistemas alimentares tradicionais como nos contemporâneos (Hakim *et al.*, 2023).

2.6 Espectroscopia de infravermelhos com transformada de Fourier (FTIR)

A espetroscopia de infravermelhos com transformada de Fourier (FTIR) é uma técnica analítica poderosa utilizada para identificar e caraterizar compostos químicos com base na absorção de radiação infravermelha por ligações moleculares. Quando as moléculas são expostas à luz infravermelha, absorvem comprimentos de onda específicos que correspondem às vibrações das suas ligações químicas (Guerrero-Pérez., e Patience, 2019). Estas vibrações, incluindo movimentos de estiramento, flexão e torção, produzem picos de absorção distintos no espetro infravermelho, que servem como impressões digitais moleculares para identificar diferentes grupos funcionais dentro de um composto (Omisore *et al.,* 2022). O instrumento FTIR funciona dirigindo um feixe de luz infravermelha através de uma amostra, normalmente sob a forma de um líquido, gás ou sólido, e medindo a absorção resultante em vários comprimentos de onda. O padrão único de absorção é depois processado matematicamente utilizando um algoritmo de transformada de Fourier, que converte os dados em bruto num espetro de infravermelhos mais facilmente interpretável (Khan *et al.,* 2018).

No contexto da avaliação da composição química da folha fermentada extrato de *Vernonia amygdalina,* o FTIR desempenha um papel crucial na deteção e identificação dos grupos funcionais presentes no extrato. O processo de fermentação pode causar modificações químicas no extrato de folha, alterando a estrutura molecular dos seus componentes bioactivos (Khan *et al.,* 2018). Ao utilizar o FTIR, é possível monitorizar estas alterações observando mudanças nos picos de absorção caraterísticos associados a grupos funcionais chave, tais como grupos hidroxilo (-OH), carboxilo (-COOH), carbonilo (C=O) e amina (NH). Isto permite uma análise detalhada da forma como a fermentação influencia a composição química do extrato de folhas e se determinados compostos benéficos são melhorados ou diminuídos durante o processo (Bashir, 2020).

No caso da *Vernonia amygdalina,* conhecida por conter uma grande variedade de compostos bioactivos como alcalóides, flavonóides, saponinas e taninos, a análise FTIR fornece informações sobre como estes compostos são afectados pela fermentação. A capacidade do FTIR para analisar a composição molecular do extrato fermentado é fundamental para compreender como o processo de fermentação pode alterar as propriedades medicinais da planta (Alara *et al.,* 2017). Por exemplo, a fermentação pode aumentar a biodisponibilidade de certos compostos ou decompor moléculas complexas em formas mais simples e mais facilmente absorvíveis. O espetro FTIR resultante pode revelar a presença ou ausência de grupos funcionais específicos, indicando a formação de novos compostos ou a degradação dos existentes. Os picos associados ao estiramento O-H, às vibrações C=O e a outros movimentos moleculares caraterísticos podem ser correlacionados com alterações químicas específicas no extrato fermentado (Alara *et al.,* 2017).

Além disso, o FTIR permite a identificação de metabolitos secundários em *Vernonia amygdalina* , que são fundamentais para a sua eficácia medicinal. A análise pode detetar alterações subtis na estrutura molecular que podem afetar as propriedades farmacológicas do extrato, tais como os seus efeitos antioxidantes, antimicrobianos ou anti-inflamatórios. Ao comparar sistematicamente os espectros FTIR de extractos frescos e fermentados, os investigadores podem obter uma compreensão abrangente das transformações químicas que ocorrem durante a fermentação e das suas potenciais implicações para as utilizações terapêuticas do extrato (Bashir *et al.,* 2020).

2.7 Estudos anteriores sobre *Vernonia amygdalina*

Investigação anterior sobre a composição química da *Vernonia amygdalina*

A Vernonia amygdalina, vulgarmente conhecida como folha amarga, é uma importante planta medicinal originária da África tropical. Pertence à família Asteraceae e tem sido amplamente utilizada na medicina tradicional devido aos seus inúmeros benefícios para a saúde. A investigação demonstrou que as suas folhas contêm compostos bioactivos com actividades farmacológicas, tais como propriedades antioxidantes, anticancerígenas, antimicrobianas e anti-inflamatórias. Foram realizadas várias investigações científicas para compreender a sua composição fitoquímica, nomeadamente utilizando técnicas analíticas modernas como a espetroscopia de infravermelhos com transformada de Fourier (FT-IR) para avaliar os seus constituintes químicos.

Em 2020, Bashir *et al.* realizaram um estudo para identificar os componentes fitoquímicos e efetuar uma análise FT-IR no extrato de metanol das folhas de *Vernonia amygdalina.* O rastreio fitoquímico qualitativo revelou a presença de metabolitos importantes, tais como saponinas, alcalóides, taninos, fenóis, flavonóides, glicosídeos e terpenóides. A análise FT-IR confirmou a presença de grupos funcionais indicativos de alcanos, alcenos, aminas, ácidos carboxílicos e álcoois, com base nos picos de absorção associados aos grupos hidroxilo (OH), carbono-hidrogénio (C-H) e carbonilo (C=O). Estas descobertas destacam a diversidade química da *Vernonia amygdalina* , tornando-a adequada para mais investigação bioquímica e farmacológica (Bashir *et al.,* 2020).

Degu *et al.* (2024) fizeram uma revisão exaustiva das utilizações nutricionais e medicinais tradicionais *da Vernonia amygdalina* 's, juntamente com a sua composição fitoquímica. A revisão compilou informação baseada em provas sobre os fitoquímicos isolados, revelando a presença de flavonóides, alcalóides, saponinas, taninos, terpenóides, lactonas sesquiterpénicas, esteróides e glicosídeos cardíacos. A revisão também identificou vários compostos bioactivos como o vernodalol, a luteolina e a vernolida, que contribuem para os efeitos medicinais da planta. O estudo realçou o valor nutricional da planta e o seu papel na medicina tradicional africana, particularmente no tratamento de doenças como a malária, a diabetes e problemas gastrointestinais. A diversidade dos fitoquímicos identificados indica o potencial da *Vernonia amygdalina* 's para futuras aplicações no desenvolvimento nutracêutico (Degu *et al.,* 2024).

Uma revisão de Purnamasari *et al.* (2023) centrou-se no perfil fitoquímico da *Vernonia amygdalina* 's e nas suas actividades farmacológicas, resumindo dados de investigação de 2012 a 2022. Os resultados mostraram que a planta contém vários compostos, incluindo flavonóides, alcalóides, saponinas, triterpenóides, esteróides, taninos, antraquinonas e oxitocina. Estes compostos bioactivos têm sido associados a numerosos benefícios para a saúde, tais como propriedades antifertilidade, antioxidantes, antidiabéticas, anticancerígenas e antimicrobianas. A revisão forneceu uma compreensão completa da forma como os compostos bioactivos contribuem para as utilizações medicinais da planta e apoiou a sua utilização generalizada na medicina tradicional em África e na Ásia. O estudo também apontou para a necessidade de mais investigação sobre a farmacocinética e a biodisponibilidade destes compostos para garantir a sua eficácia em aplicações terapêuticas (Purnamasari *et al.*, 2023).

Estudos FT-IR sobre extractos fermentados *de Vernonia amygdalina*

No contexto da avaliação dos extractos fermentados de *Vernonia amygdalina* , o FT-IR provou ser uma ferramenta vital para identificar grupos funcionais e compreender as transformações químicas que ocorrem durante o processo de fermentação. Embora os estudos sobre extractos fermentados *de Vernonia amygdalina* permaneçam limitados, a tendência geral indica que a fermentação aumenta a biodisponibilidade e a concentração de determinados compostos. Por exemplo, sabe-se que a fermentação aumenta a disponibilidade de compostos fenólicos e flavonóides, que podem ser detectados através de picos FT-IR caraterísticos, como os dos grupos hidroxilo (OH) e carboxilo (C=O).

Esta análise sugere que a fermentação pode potencialmente alterar a composição química da *Vernonia amygdalina,* resultando numa maior eficácia medicinal. Estudos futuros centrados na análise FT-IR de extractos fermentados poderiam ajudar a elucidar estas alterações químicas, fornecendo mais informações sobre o potencial terapêutico da planta.

Adiukwu *et al.* (2023) avaliaram as propriedades antipiréticas e antinociceptivas de *Vernonia amygdalina* através de um extrato aquoso, saponina bruta e fração cromatográfica da saponina bruta. As suas conclusões indicam que a planta possui propriedades antipiréticas significativas, particularmente observadas com o extrato aquoso, que mostrou uma diminuição mais substancial da temperatura anal em comparação com a saponina bruta e a sua fração cromatográfica. O mecanismo para a redução da temperatura pode estar ligado aos compostos bioactivos como as saponinas, que são conhecidos por possuírem propriedades farmacológicas. Nos ensaios antinociceptivos, a saponina bruta mostrou uma atividade considerável na redução das respostas à dor, especificamente nos testes de contorção e de placa quente. No entanto, o teste de movimento frio da cauda revelou que os efeitos analgésicos da planta eram menos proeminentes em determinadas condições. O estudo conclui que *a Vernonia amygdalina*, particularmente a sua fração de saponina, tem potenciais propriedades antinociceptivas não esteróides, o que poderia apoiar a sua utilização tradicional para o controlo da dor e da febre.

Tunasamy *et al.* (2019), os extractos de folhas de *Vernonia amygdalina* foram analisados quanto à sua atividade antioxidante e antimicrobiana. Os investigadores utilizaram diferentes solventes para extrair compostos bioactivos das folhas e avaliaram a sua eficácia contra várias estirpes microbianas, bem como a sua capacidade de neutralizar os radicais livres. O estudo concluiu que os extractos da planta apresentavam uma atividade antioxidante significativa, atribuída à presença de polifenóis, flavonóides e outros metabolitos secundários. A atividade antimicrobiana também foi notável, com os extractos a demonstrarem efeitos inibitórios contra várias estirpes bacterianas e fúngicas. Isto sugere que *a Vernonia amygdalina* pode ser uma fonte natural promissora de agentes antimicrobianos, apoiando a sua utilização tradicional no tratamento de infecções e no reforço da imunidade. No entanto, o estudo sublinhou a necessidade de mais investigação para otimizar os métodos de extração e determinar a gama completa da sua bioatividade.

Omisore *et al.* (2022) examinaram os efeitos terapêuticos da *Vernonia amygdalina* no cancro da mama, concentrando-se especificamente nas diferenças entre o cancro da mama associado à obesidade e o não associado à obesidade em ratos Wistar. O estudo concluiu que *a Vernonia amygdalina* tinha efeitos anticancerígenos em ambos os grupos, embora fosse mais eficaz em ratos não obesos. Os resultados revelaram que, em ratos Wistar não obesos, *a Vernonia amygdalina* inverteu o aumento da expressão dos receptores de estrogénio (ER), dos receptores de progesterona (PR) e do recetor 2 do fator de crescimento epidérmico humano (HER2) em tumores da mama induzidos por 7,12-dimetilbenz (a) antraceno (DMBA). No entanto, nos ratos obesos, os tumores da mama eram triplo-negativos, o que significa que não tinham estes receptores, o que os tornava mais agressivos e menos reactivos ao tratamento com VA. No entanto, *a Vernonia amygdalina* foi ainda capaz de reduzir a proliferação de células cancerígenas em ratos obesos e não obesos. Este estudo realça o potencial da *Vernonia amygdalina* como adjuvante na terapia do cancro da mama, particularmente em pacientes não obesas cujos tumores expressam receptores hormonais e HER2.

Karfi *et al.,* (2021) centraram-se na composição fitoquímica e nas propriedades antibacterianas da *Vernonia amygdalina* , vulgarmente conhecida como folha amarga, contra isolados bacterianos selecionados. A investigação destaca o potencial medicinal da *Vernonia amygdalina* , sublinhando a sua utilização na medicina tradicional. O estudo foi concebido para avaliar a sua atividade antibacteriana utilizando o método de difusão em ágar, juntamente com uma análise fitoquímica do extrato da planta. O rastreio fitoquímico revelou que o extrato continha saponinas, esteróides, terpenóides, taninos, alcalóides e flavonóides, que estão normalmente associados a plantas medicinais conhecidas pelas suas actividades terapêuticas. Estes compostos contribuem provavelmente para as propriedades antimicrobianas da *Vernonia amygdalina* . Os resultados mostraram que o extrato exibiu vários graus de inibição contra isolados bacterianos. As zonas de inibição variaram entre 6 mm e 22 mm, com *Escherichia coli* a apresentar a zona de inibição mais elevada (22 mm). Em concentrações mais elevadas (100 mg/ml), o extrato também mostrou uma atividade significativa contra *Salmonella* (21 mm de zona de inibição), enquanto que em concentrações mais baixas (12,5 mg/ml), não foi observada qualquer inibição contra *Pseudomonas.* Isto evidencia que a eficácia antibacteriana do extrato é dependente da concentração. O extrato foi particularmente potente em concentrações de 100 mg/ml, confirmando que doses mais elevadas do extrato têm efeitos antibacterianos mais fortes. Os testes da concentração inibitória mínima (CIM) e da concentração bactericida mínima (CBM) forneceram informações adicionais sobre a eficácia do extrato. Os valores de MIC variaram entre 10 mg/ml e 12,5 mg/ml, enquanto os valores de MBC se situaram entre 5 mg/ml e 20 mg/ml, confirmando que o extrato da planta exerce uma boa atividade antibacteriana contra todos os organismos testados. O facto de os valores MBC serem superiores aos valores MIC é significativo, pois indica que é necessária uma concentração mais elevada do extrato para matar as bactérias em comparação com a inibição do seu crescimento. O estudo fornece uma contribuição valiosa para o campo da fitomedicina, realçando o potencial da *Vernonia amygdalina* para o tratamento de infecções bacterianas. Os resultados sugerem que a planta pode ser utilizada pelas suas propriedades antibacterianas, embora sejam necessários mais estudos para isolar os componentes activos e testar a sua eficácia em contextos clínicos.

CAPÍTULO 3: MATERIAIS E MÉTODOS

3.1 Área de estudo

T Esta investigação foi efectuada no Laboratório de Biologia Geral da Faculdade de Ciências Biológicas da Universidade Joseph Sarwuan Tarka, Makurdi, e no Departamento de Bioquímica da Universidade de Ibadan, Nigéria.

3.2 Recolha e identificação de materiais vegetais

As folhas de *Vernonia amygdalina* foram colhidas numa quinta atrás do Mercado Moderno de Makurdi, Estado de Benue. A variedade da planta foi identificada na unidade de taxonomia do Departamento de Botânica da Universidade Joseph Sarwuan Tarka, Makurdi. As folhas foram lavadas com água limpa, secas à sombra, à temperatura ambiente, e armazenadas em recipientes de vidro até nova utilização.

3.3 Preparação de materiais vegetais

Preparação de extractos

Quatrocentos gramas (400g) de folhas em pó de *Vernonia amygdalina* foram colocados num frasco cónico contendo 2000ml de água destilada esterilizada. A mistura foi aquecida brevemente num bico de Bunsen e deixada arrefecer até à temperatura ambiente. Além disso, uma quantidade igual de pó de folha foi separadamente embebida em 2000 ml de metanol sem aquecimento. Ambas as misturas foram filtradas assepticamente com papel de filtro Whatman (n.º 1) para separar o resíduo do filtrado. O filtrado foi então evaporado até à secura num banho de água quente e pesado. O rendimento percentual foi determinado utilizando o peso seco, calculado pela seguinte equação. Os extractos foram conservados no frigorífico a 5 °C até nova utilização.

Preparação de amostras de plantas fermentadas

A água fervida foi transferida para um balão limpo e esterilizado e deixada durante alguns minutos antes de ser vertida em frascos esterilizados. Vinte gramas (20g) do extrato de folhas de *Vernonia amygdalina* foram adicionados a garrafas contendo 300ml de água destilada estéril. Dez mililitros (10 ml) de culturas de *Lactobacillus acidophilus* foram adicionados a diferentes frascos contendo o extrato da planta, que foram depois selados e deixados num ambiente escuro, sem serem perturbados, durante duas semanas. Após duas semanas, procedeu-se à trasfega, transferindo o líquido límpido para um recipiente esterilizado. O sedimento no fundo da garrafa foi recolhido e analisado quanto ao conteúdo microbiano. O líquido restante na garrafa foi submetido a mais duas rondas de trasfega, uma após mais duas semanas e outra após mais uma semana. Após cinco semanas, o conteúdo foi deixado a envelhecer e avaliado.

3.4 Conceção experimental

O desenho experimental envolveu a preparação de três réplicas do extrato de folhas fermentadas para garantir a precisão e a fiabilidade dos dados obtidos. Cada réplica será submetida a uma análise utilizando a espetroscopia FTIR para avaliar a composição química dos extractos. Esta replicação será fundamental para comparar os resultados do e determinar a consistência dos perfis químicos em diferentes amostras. Ao analisar várias réplicas, o estudo pretende garantir que os resultados são reprodutíveis e representativos do processo de fermentação utilizado.

3.5 Análise FTIR

A análise FTIR começou com a preparação de pastilhas de brometo de potássio (KBr), que foram formadas pela mistura fina de 1-2 mg do extrato de folhas fermentadas com cerca de 200 mg de pó de KBr seco, de qualidade espectroscópica. Esta mistura foi depois comprimida numa pastilha transparente adequada para análise por IV. Os espectros FTIR foram recolhidos utilizando um espetrómetro Bruker Alpha-P, abrangendo uma gama espetral de 4000 a 400 cm ', que é padrão para identificar vários grupos funcionais em compostos orgânicos (Bashir *et al.,* 2020).

Para uma medição óptima da amostra, o espetrómetro foi equipado com um acessório de reflectância total atenuada (ATR) com um cristal de ZnSe (seleneto de zinco). Este método ATR permitiu a medição direta e não destrutiva do extrato de folhas, eliminando a necessidade de uma intrincada preparação ou diluição da amostra e minimizando assim a perda ou contaminação da amostra.

Uma vez adquiridos os dados espectrais, a correção da linha de base e a normalização foram meticulosamente efectuadas utilizando o conjunto de software OPUS. Estes processos garantiram a remoção de quaisquer artefactos ou desvios da linha de base, melhorando significativamente a fiabilidade e a reprodutibilidade dos dados espectrais. Como resultado, a análise produziu espectros precisos e de alta qualidade, adequados para identificar grupos funcionais e efetuar comparações aprofundadas entre amostras fermentadas e não fermentadas.

CAPÍTULO 4: RESULTADOS

4.1 Resultados

A análise FTIR do extrato aquoso da folha de *Vernonia amygdalina* revelou oito picos distintos, cada um correspondendo a números de onda, intensidades e grupos funcionais específicos, fornecendo informações valiosas sobre a composição química do extrato.

O pico 1 a 1032,47 cm^{1} (intensidade 40,32) indica um estiramento C-O, sugerindo a presença de álcoois, éteres ou hidratos de carbono, que podem contribuir para as propriedades funcionais do extrato.

O pico 2 a 1241,20 cm^{1} (intensidade 59,08) corresponde a um estiramento C-O ou C-N, apontando para álcoois, ésteres ou aminas no extrato. Este pico implica a presença de compostos contendo azoto, que estão frequentemente associados à atividade biológica em extractos de plantas.

O pico 3, a 1319,48 cm^{1} (intensidade 59,91), revela uma vibração de flexão C-H habitualmente observada nos alcanos ou um estiramento C-N, indicando a presença de hidrocarbonetos alifáticos ou de grupos amina. Isto sugere que o extrato pode conter alcanos, que desempenham um papel estrutural, e aminas que podem contribuir para a bioatividade.

O pico 4 a 1379,12 cm^{1} (intensidade 56,03) mostra uma vibração de flexão C-H atribuída a grupos metilo (CИз), reforçando a presença de alcanos no extrato. Os grupos metilo contribuem para a estabilidade e interações hidrofóbicas nas moléculas bioactivas.

O pico 5 a 1617,66 cm ^{1} (intensidade 51,49) corresponde a uma vibração de estiramento C=C, que é caraterística de anéis aromáticos, sugerindo a presença de compostos fenólicos. Estas estruturas aromáticas são conhecidas pelas suas propriedades antioxidantes, o que pode apoiar o potencial terapêutico da *Vernonia amygdalina.*

Os picos 6 e 7 a 2851,41 cm ^{1} (intensidade 67,30) e 2918,51 cm ^{1} (intensidade 58,42), respetivamente, estão associados a estiramentos C-H em alcanos, indicando ainda mais os compostos alifáticos no extrato. Estes picos realçam o enquadramento estrutural proporcionado pelos alcanos na matriz vegetal.

O pico 8 a 3280,06 cm^{1} (intensidade 60,19) sugere uma vibração de estiramento O-H ou N-H, que é indicativa de álcoois, fenóis, aminas ou ácidos carboxílicos. A presença deste grupo funcional é notável pelas suas potenciais propriedades bioactivas, particularmente nas actividades antioxidante e antimicrobiana, sublinhando o valor medicinal do extrato

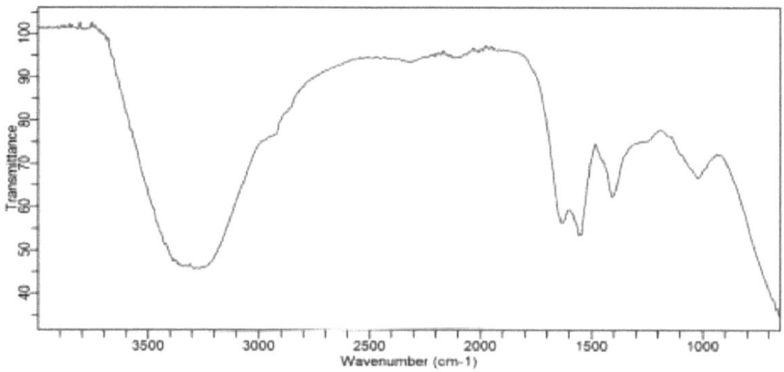

Placa 1: Cromatograma da composição química do extrato aquoso das folhas de *Artemisia annua*

Tabela 1: Resultados FTIR da composição química do extrato aquoso das folhas de *Vernonia amygdalina* .

Peak No	Wavenumber (CM-1)	Intensity	Functional Group	Possible Compound Found
1	1032.47	40.32	C–O stretching	Alcohols, Ethers or Carbohydrates
2	1241.20	59.08	C–O stretching or C-N stretching	Alcohols, Esters or Amines
3	1319.48	59.91	C–H bending (Alkane) or C-N stretching	Akanes, Amines
4	1379.12	56.03	C–H bending	Methy group (CH_3)
5	1617.66	51.49	C=C stretching	Aromatic rings, Alkanes
6	2851.41	67.30	C–H stretching (alkane)	Alkanes
7	2918.51	58.42	C–H stretching (alkane)	Alkanes
8	3280.06	60.19	O–H or N–H stretching	Alcohols, Phenols, Amines or Carboxylic Acids

CAPÍTULO 5: DISCUSSÃO, CONCLUSÃO E RECOMENDAÇÃO

5.1 Discussão

A análise FTIR do extrato aquoso das folhas de *Vernonia amygdalina* revelou uma composição química complexa, indicando a presença de diversos compostos bioactivos. Os picos detectados sugerem grupos funcionais que contribuem para as propriedades farmacológicas associadas a esta planta. A presença de grupos hidroxilo, indicada por picos correspondentes ao estiramento C-O, sugere atividade antioxidante, alinhando-se com estudos anteriores sobre os efeitos imunomoduladores e antioxidantes *da Vernonia amygdalina* (Nweze *et al.,* 2019). A deteção de aminas, associadas ao estiramento C-N, apoia a utilização tradicional da planta como remédio para infeções bacterianas, dadas as suas propriedades antimicrobianas (Adamu *et al.,* 2020).

Os hidrocarbonetos alifáticos e os grupos amina, indicados por flexão C-H e alongamento C-N, contribuem para a integridade e solubilidade dos componentes bioactivos, aumentando potencialmente a atividade antimicrobiana e anti-inflamatória (Ayoola *et al*., 2018). Os grupos metilo, detetados através da flexão C-H, estabilizam os compostos medicamente ativos, apoiando descobertas anteriores (Ojo *et al*., 2020).

A presença de compostos fenólicos, indicada pelo estiramento C=C, sublinha o potencial antioxidante da Vernonia amygdalina, consistente com estudos que identificam os fenólicos como contribuintes-chave para a eficácia da planta na neutralização do stress oxidativo (Yusuf et al., 2017). Os compostos alifáticos, confirmados pelo estiramento C-H, fornecem suporte estrutural e ajudam na solubilização de elementos bioactivos.

A deteção de grupos hidroxila, amina e ácido carboxílico, indicados por estiramento O-H ou N-H, destaca as aplicações medicinais da planta, particularmente na redução da inflamação e no gerenciamento de danos oxidativos. Esta descoberta apoia pesquisas anteriores sobre as propriedades antioxidantes e antimicrobianas *da Vernonia amygdalina* (Adeyemi *et al.,* 2019).

Globalmente, a análise FTIR fornece informações valiosas sobre a composição química da Vernonia amygdalina, apoiando a sua utilização tradicional na medicina e destacando o seu potencial como fonte de compostos bioactivos

5.2 Conclusão

A avaliação dos grupos funcionais no extrato fermentado da folha de *Vernonia amygdalina* revela uma gama diversificada de compostos bioactivos, tais como álcool, aminas, alcanos, aromáticos e fenóis, que são cruciais para as suas actividades farmacológicas. A presença destes grupos funcionais sugere um aumento das propriedades antioxidantes e antimicrobianas após a fermentação. Além disso, os compostos químicos identificados apoiam os usos medicinais tradicionais da planta, indicando um potencial significativo para o desenvolvimento nutracêutico. Este estudo realça a importância da fermentação na otimização da eficácia terapêutica da *Vernonia amygdalina,* justificando mais investigação sobre as suas aplicações na saúde e na medicina .

5.3 Recomendação

i. Os investigadores devem realizar estudos aprofundados para isolar e caraterizar compostos bioactivos específicos no extrato fermentado da folha de *Vernonia amygdalina*, concentrando-se nas suas actividades farmacológicas individuais.

ii. Os farmacologistas devem avaliar as propriedades antioxidantes, antimicrobianas e anti-inflamatórias do extrato fermentado para estabelecer uma compreensão mais clara das contribuições dos grupos funcionais para o seu potencial terapêutico.

iii. Os cientistas alimentares devem explorar várias técnicas de fermentação para otimizar as condições que melhoram a biodisponibilidade e a concentração de compostos benéficos em *Vernonia amygdalina* .

iv. Os investigadores clínicos devem iniciar ensaios para avaliar a segurança e a eficácia do extrato fermentado em populações humanas, com o objetivo de validar as suas utilizações medicinais tradicionais e as suas potenciais aplicações nos cuidados de saúde modernos.

REFERÊNCIAS

Abdul Hakim, B. N., Jia Xuan, N., e Oslan, S. N. H. (2023). Uma revisão abrangente de compostos bioativos de bactérias do ácido lático: Potenciais funções como alimentos funcionais em dietética e na indústria alimentar. *Foods,* 12(15), 2850.

Adiukwu, C. P., Akinpelu, A. O., Awodele, O., e Chinedu, S. N. (2023). Avaliação antipirética e antinociceptiva de *Vernonia amygdalina* . *Materiais Hoje: Proceedings,* Volume 16, Parte 4, Páginas 1809-1818.

Alara, O. R., Abdurahman, N. H., Abdul Mudalip, S. K., e Olalere, O. A. (2017). Propriedades fitoquímicas e farmacológicas de *Vernonia amygdalina*: Uma revisão. *Jornal de Engenharia Química e Ambiental e Biotecnologia,* 2(1), 80-96.

Asante, D.-B., e Wiafe, G. A. (2023). Benefício terapêutico da *Vernonia amygdalina* no tratamento da diabetes e suas complicações associadas em estudos pré-clínicos. *Journal of Diabetes Research,* 2023, Artigo 3159352.

Asantecor, D.-B., e Wiafe, G. A. (2023). Benefício terapêutico da *Vernonia amygdalina* no tratamento da diabetes e suas complicações associadas em estudos pré-clínicos. *Journal of Diabetes Research*, 2023, 3159352.

Bashir, R. A. (2020). Triagem fitoquímica e análise de espetroscopia de infravermelho transformada em Fourier (FT-IR) de *Vernonia amygdalina* Del. extrato de folha de metanol. *Jornal de Investigação Farmacêutica e Prática Clínica*, 2(1), 12-20.

Bashir, R. A., Mukhtar, Y., Chimbekujwo, I. B., Aisha, D. M., Fatima, S. U., e Salamatu, S. U. (2020). Triagem fitoquímica e análise de espetroscopia de infravermelho por transformada de Fourier (FT-IR) de *Vernonia amygdalina* Del. (Folha amarga) extrato de folha de metanol. *FUTY Journal of the Environment,* 14(2), 35-36.

Edegbae, B. O., e Anoluefio, G. O. (2019). Crescimento e desenvolvimento da folha amarga *(Vernonia amygdalina* Del.) em solos tratados com mistura de cádmio e chumbo. *Jornal de Ciência Aplicada e Gestão Ambiental,* 23(5), 835-841.

Farombi, E. O., e Owoeye, O. (2011). Propriedades antioxidantes e quimiopreventivas de *Vernonia amygdalina* e Garcinia biflavonoid. *Revista Internacional de Investigação Ambiental e Saúde Pública*, 8(6), 2533-2555.

Farombi, E. O., e Owoeye, O. (2011). Propriedades antioxidantes e quimiopreventivas de *Vernonia amygdalina* e Garcinia biflavonoid. *Revista Internacional de Investigação Ambiental e Saúde Pública,* 8(6), 23-55.

Guerrero-Pérez, M. O., e Patience, G. S. (2019). Métodos experimentais em engenharia química: Espectroscopia de infravermelho com transformada de Fourier-FTIR. *O Jornal Canadense de Engenharia Química,* 98(1), 25-33.

Karfi, I.A., Zango, U.U., Olatinwo, T., e Suleiman, M. (2021). Triagem fitoquímica e atividade antibacteriana de *Vernonia amygdalina* (folha amarga) em alguns isolados bacterianos selecionados. *Arquivo da Revista Internacional de Investigação em Biologia e Farmácia,* 01(01), 006-013.

Khan, S. A., Khan, S. B., Khan, L. U., Asiri, A. M., Alam, M. H., e Islam, M. A. (2018). Espectroscopia de infravermelho com transformada de Fourier: Fundamentos e aplicação em grupos funcionais e caraterização de nanomateriais. Em Espectroscopia de infravermelho com transformada de Fourier: *Avanços e Aplicações* (pp. 179-206).

Mao, A. A., Agrawala, D. K., e Pandey, V. C. (2023). Folha amarga africana (*Vernonia amygdalina* Delile) - Uma maravilha medicinal e nutricional da família Asteraceae. Nelumbo, 65(2), 173240.

Ojimelukwe, P., e Amaechi, N. C. (2019). Composição de *Vernonia amygdalina* e seus potenciais benefícios à saúde. *Revista Internacional de Meio Ambiente, Agricultura e Biotecnologia (IJEAB),* 4(6), 1836-1848.

Omisore, A. D., Abiodun, A. A., Adeyemi, D. O., Abijo, A. Z., Jolayemi, K. A., e Odedeyi, A. A. (2022). Efeitos terapêuticos de *Vernonia amygdalina* na expressão de receptores hormonais e HER2 em tumores de mama em ratos Wistar obesos e não obesos. *Phytomedicine Plus,* Volume 2, Número 3, 100318.

Omisore, A. D., Adeleke, A. A., Adeyemi, O. D., e Odedeyi, A. (2022). Efeitos terapêuticos de *Vernonia amygdalina* na expressão de receptores hormonais e HER2 em tumores de mama induzidos por 7, 12-dimetilbenz (a) antraceno em ratos Wistar obesos e não obesos. Investigação em Fitoterapia: *Alimentos de luxo e ingredientes à base de plantas para a saúde,* 2(3), 10-12.

Oyeyemi, I. T., Akinlabi, A. A., Adewumi, A., Aleshinloye, A. O., e Oyeyemi, O. T. (2018). *Vernonia amygdalina*: Uma erva folclórica com propriedades anti-helmínticas. *Jornal da* Universidade *de* Beni-Suef *de Ciências Básicas e Aplicadas*, 7(1), 43-49.

Park, K. (2023). O papel dos fitoquímicos dietéticos: Evidências de estudos epidemiológicos. *Nutrientes,* 15(6), 1371.

Siddiqui, T., Khan, M. U., Sharma, V., e Gupta, K. (2024). Terpenoids in essential oils: Química, classificação e impacto potencial na saúde humana e na indústria. *Phytomedicine Plus*, 4(2), 100549.

Telia, J., e Oseni, S. O. (2019). Perfil comparativo de expressões fitoquímicas mediadas por solvente em tecidos foliares de *Ocimum gratissimum* e *Vernonia amygdalina* por meio de espetroscopia FTIR e ensaios colorimétricos. *Jornal de Avanços em Ciências Médicas e Farmacêuticas,* 2(2):23-24.

Theja, D. D., e Nirmala, S. (2023). Uma revisão de *Vernonia cinerea* L. usos etno-medicinais e farmacologia: Potencial para fins médicos. *Farmácia Inteligente,* 2(3):23-14.

Trabert, M. G., e Stevens, J. F. (2011). Vitaminas C e E: Efeitos benéficos de uma perspetiva mecanicista. *Free Radical Biology and Medicine,* 51(5), 1000-1013.

Tunasamy, K., Suryadevara, N., e Athimoolam, T. (2019). Triagem de extratos de folhas de *Vernonia amygdalina* para atividade antioxidante e antimicrobiana. *Materiais Hoje: Proceedings,* 16(17), 1809-1818.

Tungmunnithum, D., Thongboonyou, A., Pholboon, A., e Yangsabai, A. (2022). Flavonóides e outros compostos fenólicos de plantas medicinais para aspectos farmacêuticos e médicos: Uma visão geral. *Journal of Pharmaceutical and Medicinal Aspects,* 2(3):23-24.

MIX
Papier aus verantwortungsvollen Quellen
Paper from responsible sources
FSC® C105338

Printed by Books on Demand GmbH, Norderstedt / Germany